과학사 밖으로 뛰쳐나온 **화학자들**

천재들의 과학 노트

캐서린 쿨렌 지음

최미화 옮김

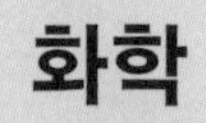

화학

2

지브레인

천재들의 과학노트 ❷

화학

초판 1쇄 인쇄일 2023년 2월 23일
초판 1쇄 발행일 2023년 3월 3일

지은이 캐서린 쿨렌 **옮긴이** 최미화
펴낸이 김지영 **펴낸곳** 지브레인Gbrain
편집 김현주 **삽화** 박기종
마케팅 김동준 · 조명구 **제작 · 관리** 김동영

출판등록 2001년 7월 3일 제2005-000022호
주소 04021 서울시 마포구 월드컵로 7길 88 2층
전화 (02)2648-7224 **팩스** (02)2654-7696

ISBN 978-89-5979-761-5 (04430)
978-89-5979-769-1 (04080) SET

• 책값은 뒷표지에 있습니다.
• 잘못된 책은 교환해 드립니다.

이 책을 먼 훗날 과학의 개척자들에게 바친다.

우리나라 대학 입시에 수학능력평가제도가 도입된 지도 벌써 10년이 넘었습니다. 그런데 우리나라의 수학능력평가는 제대로 된 방향으로 가고 있을까요?

제가 미국에서 교편을 잡고 있던 시절, 제 수업에는 수학이나 과학과 관련이 없는 전공과목을 공부하는 학생들이 많이 참가했습니다. 학기 첫 주부터 칠판에 수학 공식을 휘갈기면 여기저기에서 한숨 소리가 터져 나왔습니다. 하지만 학기 중반에 이르면 대부분의 학생들이 큰 어려움 없이 미분방정식까지 풀어 가며 강의를 잘 따라왔습니다. 나중에, 어떻게 그 짧은 시간에 수학 공부를 따라올 수 있었느냐고 물으면, 학생들의 대답은 한결같았습니다. 도서관에서 책을 빌려다가 독학을 했다는 것입니다. 이게 바로 수학능력입니다. 미국의 고등학생들은 대학에 진학해서 어떤 학문을 접하더라도 제대로 공부할 수 있는 능력만큼은 갖추고 대학에 진학합니다.

최근에 세상을 떠난 경영학의 세계적인 대가 피터 드러커 박사는 "21세기는 지식의 시대가 될 것이며, 지식의 시대에서는 배움의 끝이 없다"고 말했습니다. 21세기에서 가장 훌륭하게 적응할 수 있는 사람은 어떤 새로운 지식이라도 손쉽게 자기 것으로 만들 수 있고, 어떤 분야의 지식이든 소화할 수 있는 능력을 가진 사람일 것입니다.

이런 점에서 저는 최근 우리나라 대학들이 통합형 논술을 추진하고 있는 것이 매우 바람직한 일이라고 생각합니다. 학생들이 암기해 놓은 지식을 토해 놓는 기술만 습득하도록 하는 것이 아니라 여러 분야의 지식과 사고체계를 두루 갖춰 어떤 문제든 통합적으로 사고할 수 있도록 하자는 것이 통합형 논술입니다.

앞으로의 학생들이 과학 시대를 살아 갈 것인 만큼 통합형 논술에서 자연과학이 빠질 리 없다는 사실쯤은 쉽게 짐작할 수 있을 것입니다. 그런데 자연과학은 인문학 분야에 비해 준비된 학생과 그렇지 않은 학생의 차이가 확연하게 드러납니다. 입시에서 차이란 결국 이런 부분에서 나는 법입니다. 문과, 이과의 구분에 상관없이 이미 자연과학은 우리 학생들에게 필수적인 과정이 되어 가고 있습니다.

자연과학적 글쓰기가 다른 분야의 글쓰기와 분명하게 다른 또 하나의 차이점은 아마도 내용의 구체성일 것입니다. 구체적인 사례와 구체적인 내용이 결여된 과학적 글쓰기란 상상하기 어렵습니다. 이런 점에서 〈천재들의 과학노트〉 시리즈는 짜임새 있는 기획이 돋보이는 책입니다. 물리학, 화학, 생물학, 지구과학 등 우리에게 익숙한 자연과학 분야는 물론이고 천문 우주학, 대기과학, 해양학과 최근 중요한 분야로 떠오른 '과학 · 기술 · 사회' 분야까지 다양한 내용이 담겨 있습니다. 각 분야마다 10명의 과학자와 과학이론에 대해 기술해 놓았으니 시리즈를 모두 읽고 나면 적어도 80여 가지의 과학 분야에 대한 풍부한 지식을 얻을 수 있는 것입니다.

기본적인 자연과학의 소양을 갖춘 사람이 진정한 교양인으로서 인정받는 시대가 오고 있습니다. 〈천재들의 과학노트〉 시리즈가 새로운 문화시대를 여는 길잡이가 되리라고 확신합니다.

이화여대 에코과학부 교수 최재천

이 시리즈를 펴내며

과학의 개척자들은 남들이 생각지 못한 아이디어로 새로운 연구를 시작한 사람들이다. 그들은 실패의 위험과 학계의 비난을 무릅쓰고 과학 탐구를 위한 새로운 길을 열었다. 그들의 성장 배경은 다양하다. 어떤 사람은 중학교 이상의 교육을 받은 적이 없었으며, 어떤 사람은 여러 개의 박사 학위를 받기도 했다. 집안이 부유하여 아무런 걱정 없이 연구에 전념할 수 있었던 사람이 있는가 하면, 어떤 이는 너무나 가난해서 영양실조를 앓기도 하고 연구실은커녕 편히 쉴 집조차 없는 어려움을 겪기도 했다. 성격 또한 다양해서, 어떤 사람은 명랑했고, 어떤 사람은 점잖았으며, 어떤 사람은 고집스러웠다. 그러나 그들은 하나같이 지식과 학문을 추구하기 위한 희생을 아끼지 않았고, 과학 연구를 위해 많은 시간을 투자했으며, 자신의 능력을 모두 쏟아 부었다. 자연을 이해하고 싶다는 욕망은 그들이 어려움을 겪을 때 앞으로 나아갈 수 있는 원동력이 되었으며, 그들의 헌신적인 노력으로 인해 과학은 발전할 수 있었다.

이 시리즈는 생물학, 화학, 지구과학, 해양과학, 물리학, STS(Science, Technology & Society), 우주와 천문학, 기상과 기후 등 여덟 권으로 구성되었다. 각 권에는 그 분야에서 선구적인 업적을 이룬 과학자 열 명의 과학 이론과 삶에 대한 이야기가 담겨 있다. 여기에는 그들의 어린 시절, 어떻게 과학에 뛰어들게 되었는지에 대한 설명, 그리고 그들의 연구와 과학적 발견, 업적을 충분히 이해할 수 있도록 하는 과학에 대한 배경지식 등이 포함되어 있다.

이 시리즈는 적절한 수준에서 선구적인 과학자들에 대한 사실적인 정보를 제공하기 위해 기획되었다. 이 시리즈를 통해 독자들이 위대한 성취를 이루고자 하는 동기를 얻고, 과학 발전을 이룬 사람들과 연결되어 있다는 유대감을 가지며, 스스로 사회에 긍정적인 영향을 미칠 수 있는 사람이라는 사실을 깨닫게 되기를 바란다.

몇 가지 안 되는 화학 원소가 우주 전체의 모든 물질을 이루고 있다. 의자의 나무, 해양을 채우고 있는 소금물, 따뜻한 피가 흐르는 사람, 그리고 광년 거리만큼 떨어져 있는 별의 뜨거운 기체 혼합물 등 이 모든 것들은 그것들을 이루고 있는 **원자**로 설명된다. 원자는 모든 물질을 만들어내는 기본 요소이다.

기원전 600년경, 그리스의 철학자들은 우주의 구성에 대해 깊이 생각했다. 그들은 모든 물질이 서로 밀도만 다를 뿐 물이나 공기 같은 몇 가지 요소만으로 이루어져 있다고 생각했다. 기원전 450년경, 엠페도클레스는 모든 물질이 공기, 흙, 불, 물의 네 가지 기본 원소로 이루어져 있으며, 물질마다 이 네 가지 원소의 비율이 다르다고 믿었다.

그로부터 한 세기가 지난 후, 아리스토텔레스는 빈 공간을 채우는 물질로서 에테르를 제5원소로 추가할 것을 제안했다. 이 개념들은 천 년 동안이나 미발달된 화학 개념들을 좌우했고, 8세기에는 과학적 근거가 전혀 없는 유사 과학인 연금술이 성행했다. 연금술사들은 유명해졌다. 그들은 기본 금속을 금과 같은 귀금속으로 바꾸는 방법을 알아내려고 했으며, 인간의 수명을 연장하고 어떤 금속이라도 귀금속으로 바꿀 수 있는 연금약액(현자의 돌)을 찾는 데 관심을 기울였다. 물론 목표는 이루지 못했지만, 연금술사들의 노력으로 물질의 화학적 성질과 일반적인 화학반응에 대해 많은 것이 밝혀졌으며, 이는 결국 근대 화학으로 발전하게 되었다.

현대의 화학은 부피를 갖는 양을 가진 모든 물질의 조성과 성질을 연구하는 학문이다. 생물학, 물리학, 지질학, 보건과학, 물상과학, 지구과학 같은 다른 과학을 이해하려면 기본적으로 화학적 원리를 알아야 하므로 이 모든 분야가 화학을 필요로 한다. 화학은 몇 개의 분야로 나눌 수 있는데, 바로 유기화학 무기화학 생화학 물리화학 그리고 분석화학이다. 또 화학이 적용되는 분야로도 나눌 수 있다. 예를 들면, 농업화학, 의료화학, 산업화학, 환경화학, 법정화학 그리고 대기화학은 모두 현대의 중요한 화학 연구 분야이다.

원자 화학적 방법으로는 더 이상 분해할 수 없는, 물질의 기본 단위입자. 양성자와 중성자, 전자로 이루어진다.

유기화학 탄화수소 화합물을 다루는 화학의 분야

무기화학 탄화수소 이외의 화합물을 다루는 화학 분야

물리화학 물리적 이론이나 법칙으로 물질의 화학적 성질을 설명하는 화학 분야

유기화학은 탄소 화합물에 대한 연구를 주로 하는데, 1개, 2개 혹은 3개의 탄소 원자가 서로 결합하는 독특한 성질을 가지고 있다. 탄소를 중심으로 하는 탄소 화합물은 식물이나 동물 혹은 석탄이나 석유 같은 생명체의 잔여물에서 얻을 수 있기 때문에 유기화학을 생명의 화학이라고 부르기도 한다. 유기화학은 약품 제조를 연구할

수도 있다. 예를 들어 아스피린의 주요 성분인 화합물은 한때 버드나무 껍질에서 뽑아냈지만, 이제는 실험실에서 합성한다.

무기화학 부문은 탄소 원자를 중심으로 하지 않는 분자들과 그 분자들의 결합 그리고 화학반응을 연구하는 분야이다. 무기화학자는 산업용 무기화학 물질의 조작(예를 들어, 인공 비료를 위한 질소화합 같은)을 전문으로 할 수도 있다. 생화학은 살아 있는 생물 안에서 생기는 화학 작용을 연구하는 학문이다.

지방산의 연속 분해 작용에 대한 해석은 생화학 분야에 들어간다. 물질의 화학적 특성을 해석하고 일반적인 법칙으로 정리하는 원리를 연구하는 학문은 물리화학이라고 한다. 물리화학자들은 에너지에 초점을 맞추고, 화학반응, 반응 속도, 반응 과정을 연구하며, 고체, 액체, 기체 상태의 원자, 분자의 구조 그리고 변화 양상을 조사한다. 또 물리화학은 분자에 의해 에너지가 흡수, 방출되는 현상과 전기화학도 다룬다. 물리화학자는 냉장 시스템의 능률을 개선하는 시도도 할 수 있다. 분석화학은 정성 분석, 물질의 구성 성분 확인, 정량 분석, 물질의 조성 비율 등을 밝히는 연구를 한다. 분석화학의 예로는 색소 분리를 통해 대기 오염도와 성질을 측정하는 연구가 있다.

앞에서 말한 각각의 연구 분야는 아주 넓어서 화학자들이 어느 하나의 특정 분야에 초점을 맞추는 일이 드물다. 대다수의 연구들이 몇 개 분야에 걸쳐지거나 다른 분야와 협동하여 진행되므로 화학 분야의 연구 경계는 매우 복잡하다. 예를 들면 헤모글로빈과 같이 철 원자가 들어 있는 단백질 분자를 연구하는 연구원은 자신을 유기학자나 무기학자, 혹은 생물무기화학자로 생각할 수도 있다. 암석의 광물 성분 구성에 관심이 있는 분석화학자는 대학의 지질학과에서 일할 수도 있다. 또 국립기상대 대기화학 실험실에서 오존층의 방혈 과정을 공부하는 사람을 찾을 수도 있다.

이들이 쓰는 방법이나 전문 분야는 서로 다르지만, 모든 화학자들은 화학 원소, 기본 원자 구조, 그리고 원자 사이의 결합력에 관한 지식에 능숙해야만 한다. 화학 지식은 이 세상을 보는 비상한 통찰력을 갖게 해주며 화학의 모든 분야에서 이루어지는 연구는 물질세계에 긍정적인 영향을 준다.

《천재들의 과학노트 - 과학사 밖으로 뛰쳐나온 화학자들》은 다양한 방법으로 현대 화학의 발달에 공헌한 열 명의 흥미로운 과학자들을 소개한다.

18세기, 영국에서 태어난 조지프 프리스틀리는 타고난 철학자이자 성직자였다. 그는 '플로지스톤이 없는 공기'를 발견했고 기압과 관련된 화학에 진보를 가져온 몇 개의 장치를 발명했다. 프리스틀리는 사망할 때까지도 '플로지스톤 가설'을 옹호했으며, 물질이 타면 물질 내에 존재하는 플로지스톤이 빠져나간다고 믿었다.

같은 시대의 프랑스 화학자 라부아지에는 연소 작용의 원인은 바로 '산소' 때문이라고 밝히며 플로지스톤 가설을 정면으로 부인했다. 라부아지에는 또한 현대 화학 용어의 기본이 되는 화학 명명법을 만들고, 최초의 화학 교과서를 저술했다.

하지만 화학의 토대는 영국의 철학자 존 돌턴이 1807년에 '원자론'을 제안함으로써 비로소 단단한 조직적 기반을 마련하게 되었다. 돌턴은 최초로 원자를 원자량이라는 용어로 정의하고, 원자의 존재를 밝힐 증거를 모으기 위해 노력했다. 19세기 중반, 러시아의 화학자 드미트리 멘델레예프는 원소들을 배열하는 논리적 수단을 발견하고, 원자량이 증가하는 순서대로 원소 주기율표를 만들었다. 멘델레예프 이전에는 당시 알려져 있던 원소들의 목록이 무질서하게 흩어져 있었다.

원자량 탄소 12의 무게를 기준으로 한 원자들의 상대적 질량비

주기율표 원자번호 순으로 원소들을 나열해 놓은 표로 원소들의 화학적 성질을 예측하는 데 매우 유용하게 쓰인다.

20세기 초, 미국의 화학자 어빙 랭뮤어는 계면화학 연구를 통해 전구와 안경 렌즈의 제조 기술을 발달시키는 등 산업 분야에서 많은 화학 발

전을 이루었다.

독일의 화학자 에밀 허버트 피셔는 분자 내에서 원자의 위치와 함께 방향성의 중요성을 강조했으며, 설탕과 단백질을 연구해 생화학 영역의 개척자들을 도왔다. 또 거티 코리는 설탕 대사의 경로 수단을 밝히고, 더 나아가 특정 효소의 결핍을 선천성 대사 이상의 유전과 연결시키는 등 생화학 영역을 싹틔우고 발달시켰다.

유기화학자들은 유기 화합물을 생명체에서만 얻을 수 있다고 믿었지만, 퍼시 줄리안 같은 합성의 대가는 유기 화합물을 인공적으로 합성했다. 그는 살충제나 약과 같이 현대 사회가 기대하는 많은 화학 물질을 제조하는 장치를 개발했다.

화학에 많은 기여를 한 훌륭한 화학자 라이너스 폴링의 가장 유명한 업적은 화학 결합의 본질을 밝힌 것이다.

구조화학자로서 70년 경력을 가진 도로시 호지킨은 많은 사람들이 너무 복잡하다고 생각한 분자의 구조를 밝히기 위해 X-선 결정학의 한계를 끌어 올렸다.

시대가 다르고 연구의 세부 분야와 실제적 응용은 서로 다르지만, 지금까지 이야기한 화학자들은 과학의 선구자들임에 틀림없다.

차례

> 프리스틀리는 당시의
> 잘못된 과학 상식을
> 뒤집는 발견으로
> 기체화학의 길을 열었다

산소를 발견한 화학자,

조지프 프리스틀리

산소를 발견하다

숨을 깊이 들이마셔 보자. 이왕이면 시골의 깨끗하고 신선한 공기를 마시는 것이 좋다. 왜 그럴까? 바로 산소 때문이다. 산소는 우리의 지친 몸을 회복시키는 데 많은 도움을 준다. 물론 **산소**로 인해 우리의 몸이 육체적으로 회복되는 것도 있지만, 깨끗한 공기라는 좋은 자연환경이 주는 정신적 편안함이 더 효과적으로 몸을 회복시킬 수도 있다.

산소 원자번호 8인 원소로 물질을 태우는 성질이 있다.

1990년 후반에는 플라스틱 튜브에 든 산소를 사서 들이마시는 '산소 카페'라는 값비싼 문화가 유행했다. 산소 튜브를 사용한 사람들은 스트레스가 해소되고 온몸에 에너지가 충만해지는 것을 느낄 수 있었다고 한다. 산소가 주는 육체적, 정신적 피로 회복 효과인 것이다.

200여 년 전, 건강한 사람이 다른 기체가 섞이지 않은 순도 100%의 산소를 규칙적으로 들이마시면 수명이 단축된다고 주장한 사람이 있었다. 바로 영국의 과학자 조지프 프리스틀리였다. 그는 산소를 발견했을 뿐 아니라 탄산음료를 발명하고, 식물의 광합성 과정도 밝혀냈다. 또한 '기체'라는 말이 생기기도 전에 이미 기체를 효율적으로 모으는 장치를 발명했으며, 실제로 10가지 기체를 발견하기도 했다.

이 집요한 과학자는 원래 성직자의 길을 걷고 있었는데, 종교에 관해 공부하는 것은 하느님을 모시는 방법을 아는 것에 지나지 않는다고 생각했다. 그는 진정으로 하나님을 모시는 또 다른 방법은 물리, 화학, 생물 같은 자연철학을 공부하는 것이라 생각하고, 자연현상의 신비를 밝혀내어 하나님의 전능함과 위대함을 입증하려고 마음먹었다. 그렇다면 프리스틀리는 과학자였을까, 신학자였을까? 하지만 프리스틀리를 과학자와 신학자라는 두 가지 영역만으로 제한하는 것은 옳지 않다. 왜냐하면 프리스틀리는 정치학, 언어, 문법, 철학, 역사 등 많은 분야의 발전에 기여했기 때문이다.

엄격한 칼빈주의자의 성장 과정

조지프 프리스틀리는 1733년 3월 13일, 조나스 프리스틀리와 그의 첫 부인 매리 스위프트의 여섯 자식 중 장남으로 태어났다. 프리스틀리 가족은 영국 요크셔 부근에 있는 필드헤든에서 옷가게를 하며 살았다. 하지만 식구가 늘자 조지프는 외할아버지 댁에 가서 살다가, 아홉 살 때 어머니가 막내 동생을 낳다가 갑자기 세상을 떠나는 바람에 성인이 될 때까지 고모인 새라 프리스틀리의 집에서 살아야 했다.

고모부는 하느님의 전능함, 운명 그리고 인간의 원죄를 추구하는 독실한 칼빈교 신자였다. 그러나 원죄를 인정하는 영국 교회의 교리에 반대하는 신부들이 가끔 찾아왔기 때문에 프리스틀리는 다른 종교적인 관점들을 접할 기회가 있었다. 당시 영국의 국교를 믿지 않는 것이 불법은 아니었지만, 국교를 따르지 않는 사람들은 사회적으로 몇 가지 불이익을 당해야 했다.

십대의 조지프 프리스틀리는 신동이었다. 다양한 외국어를 완벽하게 구사할 수 있었으며, 가정교사로부터 수학, 기하학, 뉴턴 역학 등을 배웠다.

프리스틀리는 신학교에 진학하기로 마음먹었지만, 영국 교회의 교리를 받아들이지 않는다는 이유로 입학을 거절당했다. 영국 교회는 인류의 원죄 법칙을 강조하는 교리를 추구했지만, 프리스틀리는 모든 사람이 성경이 말하는 원죄의 사슬에 구속될 필요는 없다고 생각했기 때문이다.

국교의 교리를 받아들이지 않았기 때문에 프리스틀리는 옥스퍼드 대학이나 케임브리지 대학 같은 명문 대학에도 입학할 수 없었다. 그래서 그는 열아홉 살에 반국교 교리를 추구하는 데븐트리 신학교에 입학했다.

반국교　영국의 입장에서 볼 때, 기독교회의 교리에 반대하는 신앙

데븐트리 신학교는 탐구 위주로 배우고 가르치는 곳이었고, 프리스틀리는 그런 교육 환경이 무척 마음에 들었다. 그는 이곳에서 다른 종교에 대한 생각을 정리하는 데 많은 시간을 보냈다.

유명한 교사 프리스틀리

프리스틀리는 1755년에 서포크의 니드햄 마켓에 있는 신학교의 보조 신부로 발탁되어 데븐트리 신학교를 떠났다. 그는 니드햄 마켓의 신학교에서 신앙심이 더욱 깊어졌지만, 성부와 성자, 성령의 삼위일체를 부인하는 종교적 관점 때문에 주변 신부들과는 서

먹하게 지냈다.

임기가 끝나자 프리스틀리는 낭트위치의 신부 자리를 수락했다. 프리스틀리는 그곳에서 수입을 보충하기 위해 종교 모임 안의 소년소녀학교를 열어 성공적으로 운영했다. 학생들이 실험에 쓸 전기 장치와 에어 펌프를 구입하는 등의 환경 속에서 자연철학에 대한 프리스틀리의 열정은 점점 더 커져 갔으며 교사로서의 명성도 널리 퍼졌다.

1761년에 웰링턴에 있는 반국교 신학교로부터 초대를 받은 프리스틀리는 그곳으로 옮겨 동료 아리안교 사람들과 친하게 지냈다. 아리안교의 교리는 '예수님은 모든 피조물의 위에 존재하지만, 하나님만큼 신성하지는 않다'는 것이었다. 이는 예수와 하나님을 동격으로 보는 크리스트교 신앙과는 다른 관점이었다. 이 무렵 프리스틀리는 언어와 문법, 교육, 유도 전기 실험에 대한 책을 쓰기 시작했다.

1764년, 프리스틀리의 교육에 대한 연구 업적을 인정한 에든버러 대학은 법학박사 학위를 수여했다.

그는 자신의 수입으로는 점점 늘어나는 식구들을 부양하기 어려웠기 때문에 6년 동안 머물던 웰링턴을 떠나야만 했다. 웰링턴에 있던 1762년 6월, 프리스틀리가 제자의 누나인 매리 윌킨슨과 결혼했을 당시 두 사람 사이에는 이미 한 명의 딸이 있었다.

1766년, 프리스틀리는 런던으로 가던 중 미국의 식민지 대표로 영국 정부와 협상을 하러 온 벤저민 프랭클린을 만났다. 프랭클린은 당시 빛이 전기로 인해 발생하는 현상이라는 사실을 발견한 유명한 과학자이기도 했다. 프리스틀리는 기회를 놓치지 않고 자신의 전기 실험에 대해 프랭클린과 의견을 나누었다. 프랭클린은 프리스틀리에게 현재까지 전해 오는 전기에 관한 모든 연구 결과를 설명하는 책을 쓰라고 권유하고, 필요한 참고자료 구하는 일을 도와주었다. 이렇게 해서 탄생한 책이 바로《실험으로 알아본 전기의 역사와 현재》이다.

프리스틀리가 새로이 발견한 것 중 하나는 **탄소**도 전기가 통할 수 있다는 사실이었다. 금속이 아닌 물질인 탄소에도 전기가 통한다는 사실을 알아낸 것은 대단한 발견이었다. 그리고 그는 사람들의 몸과 몸 사이에서 발생하는 전기 마찰 현상을 통해 사람과 사람 사이의 거리가 멀어질수록 전기적 인력이 작아진다고 주장했다. 또한 최초로 진동 방전 실험 결과를 기록했는데, 이 실험의 원리는 무선전신을 발명한 이탈리아의 발명가 굴리엘모 마르코니가 착안한 원리와 같았다.

탄소 원자번호 6인 비금속원소로 생체 내 분자들의 가장 주요 근간이 됨.

이처럼 유명한 원리들이 기록된 그의 책은 시중에 출간되기도 전에 영국 학자들 사이에 널리 알려져 그의 명성을 드높였다. 1766년, 프리스틀리는 공식적으로 기록된 전기 분야의 학력이 없음에도 불구하고 전기 분야에 기여한 공로를 인정받아 영국왕립학회 회원으로 선출되는 영광을 안았다.

웰링턴에서는 가족에게 필요한 경제적 안정도 얻지 못하고 신부의 지위도 잃었지만, 대신 유니테리언의 모든 신조를 온전하게 받아들였다. 유니테리언은 그리스도교 정통파의 중심 교리인 성부, 성자, 성령의 삼위일체를 반대하는 사람들을 가리킨다. 이들은 하나님의 단일성을 주장하며, 예수는 하나님이 아니라고 본다. 또 유니테리언은 다른 종교를 포용하며, 종교는 개인의 권리에 따라 달라질 수 있다고 보기 때문에 다른 종교를 허용하지 않는 성경은 잘못된 것이라고 주장한다.

1767년에 프리스틀리는 가족과 함께 리즈에 있는 밀힐 장로교회에 신자로 등록한 후 후에 목사가 되었다.

탄산음료를 발명하다

목사이자 과학자인 프리스틀리는 근처의 맥주 공장에서 나는 불쾌한 냄새에 무관심할 수가 없었다. 발효 탱크 위에 늘 떠 있는 수증기 덩어리가 어떤 성분으로 이루어져 있을지 궁금했던 프리스틀리는 공장 주인의 허락을 얻어 이를 직접 관찰하기로 마음먹었다. 이 일로 말미암아 공기화학이라는 학문 분야가 탄생하게 된다. 당시는 기체라는 말이 생겨나기도 전이었다.

프리스틀리는 큰 발효 탱크 위에 올라가 큰 수증기 덩어리를 손을 저어보았다. 그러자 수증기 덩어리는 땅바닥으로 가라앉았다. 수증기 덩어리를 이루는 물질이 공기보다 무거운 것임에 틀림없다고 확신한 프리스틀리는 이번에는 수증기 덩어리 가까이 촛불을 대보았다. 그러자 곧 불이 꺼져 버렸다. 계속해서 그는 수증기 덩어리가 물에 잘 녹는지 알아보기 위해 물을 접시에 담아 발효 탱크 가까이 두고 수증기 덩어리가 접시에 흘러들어가도록 했다. 그리고 수증기 덩어리가 더 이상 물에 녹아 들어가지 않을 때까지 잘 저어 주었다. 그러자 대부분의 수증기 덩어리가 물에 녹아 들어가고 물 위에 약간의 거품이 뜨면서 천연 샘물에서 얻을 수 있는 값비싼 셀처 탄산수처럼 되었다. 궁금증을 참지 못한 프리스틀리는 이 물을 마셔 본 후 셀처 탄산수와 맛이 비슷하다는 것을 알았다.

신이 난 프리스틀리는 발효 탱크 위에서 모은 공기를 병에 담아 맥주 공장과 집을 오갔다. 그는 이 특별하고 무거운 공기를 집에서도 만들 수 있을 거라고 생각했다. 프리스틀리는 옛날 스코틀랜드의 화학자 조지프 블랙이 석회석을 가열하여 '고정된 공기'를 만들어냈다는 것을 떠올렸다.

'고정된 공기'는 오늘날의 이산화탄소를 일컫는 말로, 이 기체는 불을 끄는 특성이 있다.

셀처 탄산수　독일 니들러 셀처 지방의 천연 광천수. 상품용으로 가공한 탄산수를 가리키는 말로 쓰인다.

이산화탄소　분자식 CO_2인 화합물

프리스틀리는 블랙의 방법대로 실험을 했다. 그리고 몇 차례 실험을 거쳐 분필(석회석)을 물에 넣고 끓인 후 '바다의 산(오늘날의 염산)'을 추가하면 더 좋은 결과를 얻을 수 있다는 사실을 알아냈다.

프리스틀리는 이산화탄소를 모으기 위해 욕조에 물을 부어 채운 뒤 입구를 막은 병을 거꾸로 욕조에 넣은 후 병마개를 뺐다. 그리고 화학 물질이 들어 있는 장치로부터 고무관을 연결하여 병 속으로 고무관이 들어가도록 만들었다. 화학 물질이 들어 있는 실험 장치에서 기체가 만들어진다면 그 기체가 고무관을 따라 물이 든 병 속에 모이게 한 것이다. 기체는 물보다 가볍기 때문에 거꾸로 세워진 병 속으로 기체가 들어오면 병 속의 물은 아래로 밀리게 된다. 밑으로 빠진 물의 양만큼 기체가 만들어졌다는 뜻이다. 이것이 바로 오늘날 수상치환 장치라고 부르는, 수조를 이용하여 기체를 모으는 장치이다.

실험에 성공한 프리스틀리는 왕립학회 회의에서 자신이 만든 셀처 탄산수와 이산화탄소를 모을 때 사용한 실험 방법을 발표했다. 왕립학회 회원들은 그의 발표에 놀라움을 감추지 못했다. 특히 프리스틀리가 이산화탄소가 든 물, 즉 탄산수를 마셔 보라고 권할 때 놀라움은 더 커졌다. 이 실험에 대한 소문을 들은 물리학자들이 직접 실험을 해 보여줄 것을 부탁하기도 했다.

프리스틀리가 실험을 해 보인 지 한 달 후, 왕립학회 회원들은 프리스틀리에게 감사의 편지를 보냈다. 해군 참모위원회는 그가 발견한 탄산수, 즉 이산화탄소가 든 물을 괴혈병 방지를 위한 실험에 사용하기도 했다. 물론 탄산수는 괴혈병을 방지하지는 못한다. 지금은 원인이 비타민 C 부족이라는 것을 알고 있지만, 그때는 괴혈병의 원인을 몰랐기 때문에 프리스틀리가 만든 탄산수가 괴혈병을 예방할 수 있는지 알아보기 위해 실험한 것이었다.

1772년, 프리스틀리는 자신의 첫 화학책 《고정된 공기를 함유하고 있는 물을 위한 지침》을 완성했다. 그리고 다음해, 왕립학회의 최고 영광인 카플리 메달을 받았다.

여러 종류의 공기

이산화탄소를 발견하는 실험을 하는 동안 프리스틀리는 식물이 어떻게 숨을 쉬는지 알아보는 연구도 진행했다. 연구원들은 병 속의 공기가 다 없어지면 병 안에 있는 쥐가 죽는다는 사실을 알고 있었다. 식물도 과연 그럴까? 프리스틀리는 박하를 넣고 바깥 공기가 들어가지 못하도록 고무마개로 막은 병을 거꾸로 해 욕조에 넣었다. 박하 뿌리는 물속에서도 살 수 있기 때문에 실험에 매우 적합했다. 병을 물에서 꺼낸 프리스틀리는 놀라움을 감추지 못했다. 박하가 몇 주 동안이나 살아 있었기 때문이다. 쥐들이 죽어 있는 병에 촛불을 넣었을 때는 불이 바로 꺼졌는데, 박하가 들어 있던 병 속의 촛불은 더 잘 타고 오래가는 것이었다.

프리스틀리는 박하가 들어 있던 병에 쥐를 넣어 보았다. 쥐는 죽지 않았을 뿐만 아니라 아프지도 않았고 멀쩡했다. 프리스틀리는 병에 있는 공기를 다 빼내기 위해 촛불을 넣고 불이 꺼질 때까지 놓아두었다가 불이 꺼진 후 박하를 다시 넣었다. 그러자 박하 잎이 다시 무성해지는 것이었다. 더 놀라운 것은 10일 후에 박하를 빼고 촛불을 넣었더니 촛불이 더 잘 타는 것이었다.

프리스틀리는 밀폐된 병에 있다 하더라도 박하가 있는 병 속에서는 쥐들도 살 수 있다는 사실을 알아냈다. 식물이 병 속의 공기를 더 신선하게 만드는 것 같았다. 프리스틀리는 식물이 나쁜 공기를 흡수해 좋은 공기로 바꿔 내놓는다고 생각했다. 그런데 당시 네덜란드의 물리학자 잔 아이젠하우스도 똑같은 실험을 하고 있었다.

그때는 오직 세 종류의 공기만 알려져 있었다. 보통 공기, 이산화탄소, 수소였다. 보통 공기는 원소로 여겨졌으며, 더 이상 분해되지 않는다고 믿었다. 오늘날은 공기가 여러 종류의 기체로 이루어져 있으며, 그 중 대부분은 산소(21%)와 질소(78%)라는 것을 잘 알고 있다.

수소 원자번호 1인 원소

원소 화학적 방법으로는 더 이상 쪼갤 수 없는 물질, 물질을 구성하는 기본 단위

이산화탄소의 발견에 힘을 얻은 프리스틀리는 다른 종류의 공기를 만들어 보기로 했다.

프리스틀리는 액체를 끓일 때, 액체가 든 병 입구를 구멍 뚫린 고무마개로 막고 그 구멍에 튜브를 연결했다. 그런 다음 튜브를 통해 병에 공기를 주입했다. 그런 후 병 사이의 틈을 시멘트로 막아 버렸다. 고체 물질을 이용할 때는 뜨거운 열로 물질을 말릴 수 있을 때까지 말린 다음 모래로 채운 총포 속에 넣었다. 불로 총포를 데우면서 총포 위로 연결된 튜브로 기체가 빠지도록 했다. 모든 이물질은 모래 속으로 빠지게 하고 오직 100% 기체만 방출되도록 했다. 만약 더 높은 온도가 필요하면 유리 항아리에 고체를 넣은 후 돋보기를 이용해 데우기도 했다. 프리스틀리는 이와 같은 방법으로 공기를 모으면 효율적이긴 하지만 공기가 물에 많이 녹

아 버린다는 것을 알았다.

그래서 물 대신 수은 을 사용하는 방법으로 바꾸었다. 숨 쉴 정도의 비율로 된 공기가 산화질소에 쉽게 반응하는 것을 알고 수은을 사용해 공기의 순도를 알아보는 방법을 개발한 것이다.

프리스틀리는 이 방법으로 오늘날의 일산화질소, 이산화질소, 일산화이질소, 암모니아, 염화수소, 이산화황, 사불화규소 질소, 일산화탄소 등을 발견해 1772년, 〈여러 종류의 공기 관찰〉이라는 논문에 그중 몇 가지 물질을 실어 왕립학회에 발표했다. 또한 다른 물질들도 1774년부터 1786년까지 출간한 여섯 권의 《여러 종류의 공기에 대한 실험 관찰 및 자연철학의 다른 분야》에 소개했다.

수은 상온에서 은빛을 내는 액체 상태의 금속

사불화규소 색이 없고 증기를 잘 내는 기체. 주로 플루오르 규산염을 제조하는 데 쓴다.

프리스틀리는 공기화학을 발견한 공로를 인정받아 프랑스 과학학회에 발탁되었다.

플로지스톤이 없는 공기

가난한 형편 때문에 또다시 다른 직업을 찾아야만 하게 된 프리스틀리는 1773년 셸번의 두 번째 백작인 윌리엄 피츠마우리스페리의 도서관 사무원으로 일하게 되었다. 그런데 사실 백작의 조언자 겸 백작 자녀들의 스승으로 채용된 것이나 다름없었다. 윌리엄 백작은 넉넉한 연봉뿐만 아니라 실험을 할 수 있는 실험실과

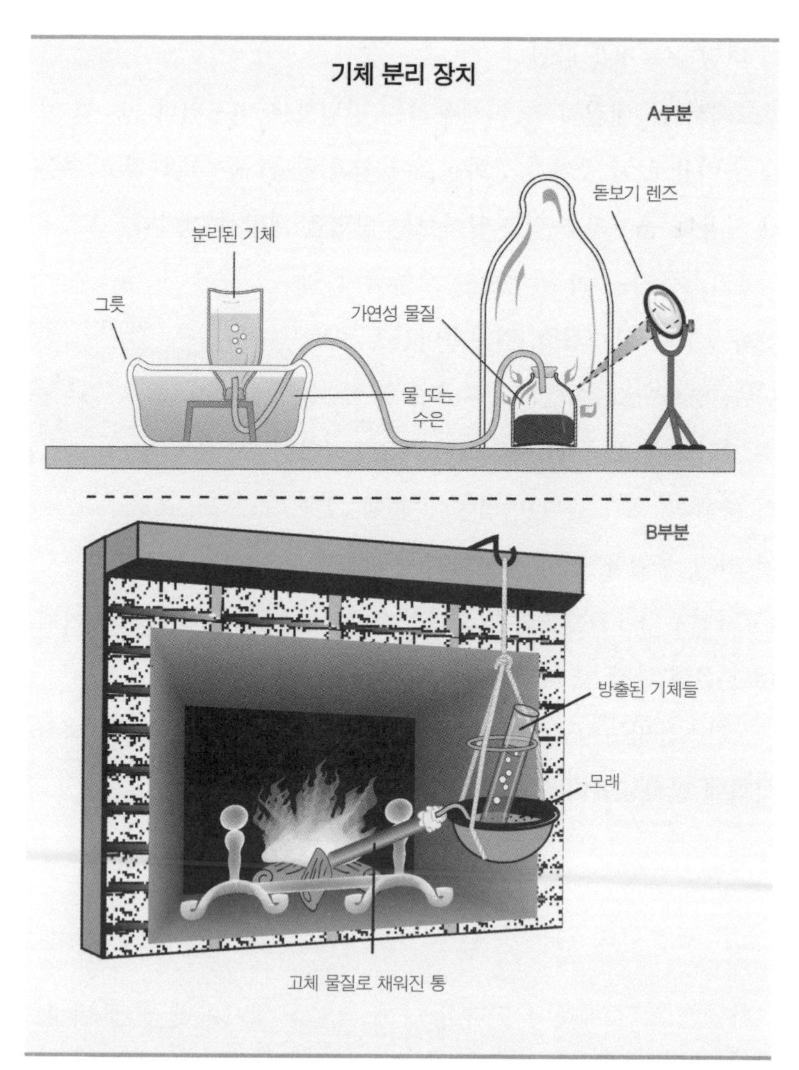

A부분: 돋보기 렌즈를 사용해 액체를 가열하고, 가열한 액체에서 분리되어 나온 기체를 물(혹은 수은) 속에 거꾸로 넣은 병에 모았다.

B부분: 고체의 경우에는 불로 직접 가열하여 고체에서 분리되어 나온 기체를 모으기도 했다.

화학 물질을 살 수 있는 자금도 약속했다.

가족과 함께 윌셔에 있는 캘른으로 이사한 프리스틀리는, 여름은 가족과 보내고 겨울은 윌리엄 공작과 런던에서 지냈다. 프리스틀리의 공기화학 연구가 빛을 발한 시기는 그가 셸번에 머물렀던 1773년에서 1780년 사이였다.

1774년 8월, 프리스틀리는 흥미삼아 돋보기 렌즈로 붉은 산화수은을 태워 보았다. 그리고 수은을 이용해 가스를 모으는 보통의 방식으로 합성된 기체를 모았다.

기체를 모으자 빛나는 수은 방울들이 남아 있었다. 세 개의 병에 가득히 기체를 모은 프리스틀리는 그중 한 개의 병에 촛불을 넣어 보았다. 그러자 촛불이 활활 타오르는 것이 아닌가! 두 번째 병에는 나무 숯을 넣었더니 역시 불이 잘 붙었다. 또한 보통 공기가 든 병보다 프리스틀리가 모은 기체가 담긴 병에서 쥐가 훨씬 더 오래 사는 것도 신기했다.

당시 대부분의 과학자들은 **플로지스톤**을 믿고 있었다. 플로지스톤이란 **연소**되는 물질 속에 들어 있는 성분으로, 물질이 연소되면 그 물질 속의 플로지스톤이 소모된다고 생각하고 있었다. 그래서 플로지스톤을 많이 갖고 있는 물질은 잘 타고, 그렇지 않은 물질은 잘 타지 않는다고 생각했다. 거꾸로 세운 유리병 속의 촛불이 꺼지는 것은 플로지스톤이 공기와 합해지면서 촛불이

플로지스톤 실제 존재하지 않는 것이지만, 물질이 연소될 때 그것으로부터 빠져나온다고 생각했던 가연성 원소를 가리키는 말

연소 비금속원소가 산소와 결합하면서 빛과 열을 내는 현상

더 이상 플로지스톤을 흡수하지 못하기 때문이라고 설명했다. 그러나 산화수은에서 뽑아낸 기체는 촛불을 더 오래 타게 하고, 나무 숯에 더 큰 불이 일게 했다.

프리스틀리는 산화수은에서 나온 기체에 플로지스톤이 너무 적게 있거나 아니면 아예 없기 때문에 이런 현상이 일어나는 것이라고 생각했다. 그 기체에 플로지스톤이 너무 적기 때문에 촛불이나 숯에 들어 있는 플로지스톤을 더 빨리 빨아들이는 것이라고 설명한 것이다. 그래서 프리스틀리는 산화수은에서 얻은 기체를 '플로지스톤이 없는 공기'라고 불렀다.

프리스틀리가 모은 기체는 산소였다. 자신이 모은 기체를 들이마셔본 그는 기분이 가벼워지고 한층 진정되는 것을 느꼈다. 프리스틀리는 이 기체가 **호흡**기 질환이 있는 환자들에게 매우 유용하게 쓰일 것이라고 생각했다. 하지만 만약 건강한 사람이 이 기체를 많이 들이마시면 오히려 수명이 단축될 것이라고 걱정하기도 했다.

호흡 산소가 소모되고 이산화탄소가 배출되는 과정으로, 이 과정에서 탄화수소가 분해되고 에너지가 방출된다.

1775년 3월, 프리스틀리는 이 연구 결과를 왕립학회에 보고했다.

플로지스톤 이론에 대한 도전

1774년 가을, 프리스틀리는 셸번 백작과 함께 유럽을 여행하다가 프랑스의 젊고 유명한 화학자 앙투안 라부아지에를 포함한 몇몇 과학자들과 저녁식사를 하게 되었다. 프리스틀리는 라부아지에의 질문에 자신의 실험에 대해 자세히 대답해 주었다. 그곳에 모인 과학자들은 프리스틀리의 대답을 듣고 놀라움을 감추지 못했다. 프리스틀리는 과학자들의 쏟아지는 질문에 계속해서 성심성의껏 대답했다.

프리스틀리는 모르는 사실이었지만, 당시 라부아지에는 이미 프리스틀리의 발견과 연관된 실험을 해 오고 있었다. 라부아지에는 그곳에서 들은 프리스틀리의 조언과 정보를 자신의 이론에 적

용시켜 프랑스 아카데미에 발표했다. 라부아지에는 프리스틀리가 '플로지스톤이 없는 공기'라고 불렀던 기체에 '산소oxygen'라는 이름을 붙였다. '옥시Oxy'는 그리스어로 '산acid과 같이 강렬하다'라는 뜻이고 '전gen'은 '태어나다'라는 뜻이다. 라부아지에는 보통 공기는 20%가 산소로 이루어져 있다고 발표하고, 지금까지의 플로지스톤 이론은 잘못된 이론이라고 주장했다.

라부아지에는 "만약 무엇인가 탈 때 그 속에 들어 있는 플로지스톤이 날아가 버린다면, 타고 난 이후의 무게가 왜 감소하지 않고 증가하는가?"라는 의문을 제기했다. 라부아지에는 몇 종류의 물질을 태우고, 타기 전과 타고 난 후의 무게를 비교한 후 항상 타고 난 후에 무게가 더 늘어난다는 사실을 증명했다.

뿐만 아니라 라부아지에는, 연소 현상은 물질과 산소 기체가 결합하기 때문에 나타나는 현상이라고 주장했다. 그는 공기가 통하지 않는 병 속에 촛불을 켜 두면 모든 산소가 연소한 후 불이 꺼지는 현상, 유리컵 속에 든 쥐가 산소를 다 소모한 후 죽어가는 사실 등을 근거로 자신의 주장을 입증했다.

프리스틀리는 라부아지에의 주장에 불쾌해하기보다는 라부아지에가 촛불을 이용하여 플로지스톤 이론을 반박한 것은 제대로 된 주장이라고 생각했다. 그런데 문제가 하나 더 있었다. 플로지스톤은 당시까지 단 한 번도 물질로부터 분리된 적이 없다는 점이었다. 이에 대해 프리스틀리는 전기력, 중력, 자기력과 같은 힘은 물질로부터 분리할 수 없는 것이므로, 플로지스톤 역시 물질이 아니라 힘에 가까운 것이라고 생각했다.

프리스틀리는 라부아지에가 산소를 발견한 자신의 공을 훔치려고 한 점도 비난하지 않았다. 오히려 누가 공로를 인정받든 간에 산소를 발견했다는 사실과 그 발견이 세상에 도움이 된다는 사실만을 중요하게 생각했다. 자신이 유명해지는 것보다 과학적 사실을 제대로 발견한 것을 더 중요하게 여긴 것이다.

광합성 연구

여러 가지 공기를 발견한 후, 프리스틀리는 공기가 어떻게 정화되는지 궁금해졌다. 리드에 있을 때 프리스틀리는 녹색식물이 나쁜 공기를 깨끗한 공기로 정화하는 능력을 갖고 있다는 사실을 알게 되었다. 좀 더 정확한 확인을 위해 그는 몇 개의 병에 물을 넣고, 그중 몇 개의 병에는 녹색식물을 넣어 모든 병을 물이 든 수조 속에 거꾸로 놓았다. 그리고 모두 햇빛 아래에 두었다.

리드 영국 잉글랜드 북부 웨스트요크셔 동부에 있는 상공업 도시

밤이 되자 녹색식물이 들어 있던 병에서는 물이 없어졌고, 물만 들어 있던 병에는 물이 그대로 남아 있었다. 녹색식물에서 산소가 발생하면서 병속의 물이 아래로 빠져 나간 것이다. 물이 빠진 병 가까이에 숯불을 대 보니 불꽃이 타올랐다. 이 실험으로 프리스틀리는 녹색식물이 산소를 방출했다는 것을 알았다.

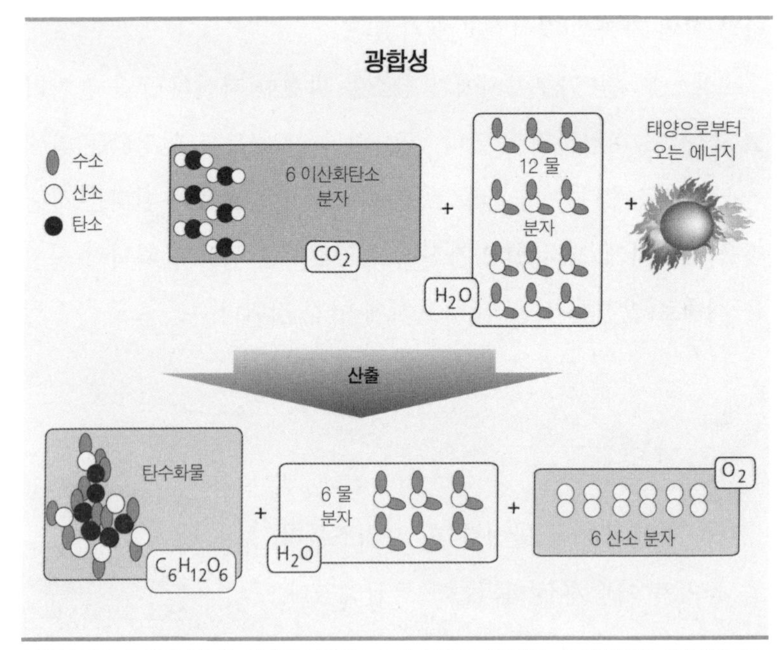

광합성 반응이 일어나면 빛 에너지가 탄화수소 화합물로 저장된다. 이 과정에서 이산화탄소가 소모되고 산소가 발생한다.

이번에는 녹색식물이 산소를 만들어내는 데 햇빛이 필요한지를 알아보기 위해 밤에 똑같은 실험을 해 보았다. 이 실험으로부터 녹색식물이 밤에는 산소를 만들어내지 않는다는 사실을 알아냈다. 즉, 녹색식물이 산소를 만들어내려면 반드시 햇빛이 있어야 하는 것이다.

> **광합성** 이산화탄소가 유기물 속에 고정되는 형식의 하나. 클로로필(엽록소)을 가진 식물이 태양의 빛에너지를 이용하여 물과 이산화탄소로부터 유기물을 합성하는 과정을 말한다.

녹색식물이 햇빛 아래에서 산소를 만들어내는 이 과정을 '**광합성**'이라고 부른다.

논쟁을 불러일으키다

셸번 백작과 함께한 초창기에 프리스틀리는 즐겁고 유쾌한 나날을 보냈다. 프리스틀리와 셸번 백작 사이에는 공통점이 있었다. 두 사람 모두 영국 정부와 마찰이 잦은 식민지 미국에 대해 동정심을 갖고 있었다. 그러나 대통령의 고문단이었던 셸번 백작은 식민지가 언제까지나 영국 통치 아래에 있기를 원하는 입장을 취해야 했고, 프리스틀리는 식민지 국가의 자유와 독립을 옹호했다.

결국 프리스틀리의 혁명적인 조언은 셸번 백작과의 사이에 심한 논쟁을 불러일으키고 말았다. 또 프리스틀리가 쓴《물질과 영혼의 일체》는 다소 선동적인 내용을 담고 있었다. 영혼은 실제적인 신체가 없으면 존재하지 않는다고 말한 것이다. 이런 일들로 인해 프리스틀리와 셸번 백작의 관계는 서서히 식어 갔다. 그리고 1780년, 셸번 백작이 프리스틀리에게 정중히 아일랜드에 있는 일자리를 제안했지만, 프리스틀리는 이를 사양했다.

프리스틀리의 아이들은 이제 네 명으로 늘어났고, 가족은 잉글랜드 지방에서 살고 싶어 했다. 프리스틀리는 버밍햄의 목사로 취임했다. 관계가 불편해진 채 헤어지기는 했지만, 백작은 계약한 대로 연금을 지급했다.

프리스틀리는 성인 남성들의 월례 모임에 가입했다. 보름달이 뜰 때마다 만나는 이 모임의 멤버 중에는 제임스 와트(증기 기관 발명자), 조지아 웨지우드, 존 스마튼, 매튜 볼튼, 에라스무스, 다윈

등 유명 인사들이 많았다. 프리스틀리는 과학과 정치, 종교 등에 대해 자유롭게 이야기를 나누는 이 모임을 아주 좋아했다.

1781년 1월, 프리스틀리는 물을 공기로 바꾸고, 바꾼 공기를 또다시 물로 바꾸는 실험을 했다. 붉은색 산화납 한 조각을 물과 인화성 공기가 들어 있는 용기에 넣은 후 돋보기 렌즈를 사용해 산화납에 햇빛을 집중시켰다. 그러자 붉은색 산화납이 검은색으로 변하면서 순수한 납이 되고, 용기 속 공기의 부피가 줄어들면서 물의 높이가 올라갔다. 왜 공기의 부피가 줄어들었을까? 물이 공기를 흡수한 것일까?

다음날은 인화성 공기와 보통 공기를 섞은 후 햇빛 대신 전기 스파크를 일으켰다. 탁탁 튀는 소리와 함께 용기 안쪽에 습기가 생겼다. 공기가 물로 변한 것일까?

프리스틀리는 자신의 실험 결과를 편지로 써서 인화성 공기를 발견한 영국의 화학자 헨리 캐번디시에게 보냈다. 세밀한 관찰력과 실험으로 알아낸 과학적 지식을 함께 나누려는 프리스틀리 덕분에 캐번디시는 물을 구성하는 두 가지 성분, 즉 산소와 수소를 알아낼 수 있었다.

1782년, 프리스틀리가 출간한《기독교의 부패에 대한 역사》는 다시 한 번 물의를 일으켰다. 영국 교회의 신앙을 예리하게 비판하고 있었기 때문이다. 그 후 1786년, 프리스틀리는 다시《예수에 관한 초기 기독교인의 견해에 관한 역사》를 쓰면서 예수님을 한 사람의 인간으로 정의했다. 프리스틀리는 그 이후에도 계속하여 **유니테리어니즘**을 옹호하는 저서를 썼으며, 그로 인해 정치적, 종교적 긴장감은 커져만 갔다.

> **유니테리어니즘** 그리스도교 정통파의 중심교의인 성부, 성자, 성령의 삼위일체 교리에 반대하는 사람들. 이들은 신의 단일성을 주장하며, 예수는 신이 아니라고 본다.

바스티유 전투 기념일인 1791년 7월 14일, 주변 여인숙에서 친구들과 만나기로 약속했던 프리스틀리는 여인숙이 습격받았다는 소식을 전해 들었다.

폭도들은 프리스틀리의 집과 실험실, 그리고 그가 몸담고 있던 교회까지 그날밤 모두 불태워 버렸다.

프리스틀리는 자신이 표적이었다는 것을 깨닫고 가족과 함께 일단 친구 집으로 몸을 피한 후 다시 몰래 런던으로 달아났다.

런던으로 몸을 피했던 프리스틀리는 다시 헤크니에 있는 그레블핏에서 직장을 구했지만, 생활은 그리 편하지 않았다. 식민지인 미국의 주권을 옹호하고, 프랑스 혁명에 동참했으며, 영국 교회에 대해 계속 반대 의견을 제기해왔기 때문이었다.

프리스틀리의 종교적 신념은 군중에게 인정받지 못했고, 왕립학회마저 그를 제명하고 말았다. 프리스틀리 부부는 영국에서 더 이상 환영받지 못하는 처지가 되자 자식들이 이민 가 있는 미국으로 가는 게 낫겠다고 생각했다.

미국으로의 이민

1794년 4월, 프리스틀리와 매리는 미국으로 떠날 것을 결정했다. 영국에서는 쫓겨났지만, 미국은 두 사람을 따뜻이 반겨 주었다.

프리스틀리 부부는 뉴욕에서 몇 주 머문 후 필라델피아로 가 자신이 멤버로 있는 미국 철학학회를 방문했다. 이 모임은 프리스틀리의 친구였던 벤저민 프랭클린이 창단한 것이었다.

1790년에 이미 프랭클린은 사망했지만, 프리스틀리는 멤버들을 만나고 싶어 했다.

필라델피아에 새 집이 완성되었고, 영국에 있는 조지아 웨지우드와 친구들이 보내 준 실험 기구들이 도착하자 새로운 실험실도 완성되었다. 그러나 미국에 도착한 지 1년 반 후에 막내아들 헨리가 급성폐렴으로 세상을 떠난 데 이어 아홉 달 후에는 부인 매리마저 세상을 떠나고 말았다.

프리스틀리는 대부분의 시간을 실험실에서 종교에 관한 책을 쓰거나 토머스 제퍼슨, 존 애덤스와 같은 학자들과 토론하면서 보냈다. 그러는 동안에도 화학 세계의 탐구 노력은 게을리 하지 않았다.

금속에 들어 있는 플로지스톤의 양을 알고 싶었던 프리스틀리는 1799년, 소량의 공기 속에서 석탄을 태우면서 일산화탄소를 발견했다. 일산화탄소는 몸에는 해롭지만 산업적으로는 쓰임새가 많은 기체였다. 프리스틀리가 발견한 산소의 연구 결과를 가지고 플로지스톤의 존재를 부정했던 라부아지에의 연구 결과를 존중하면서도 플로지스톤이란 더 이상 존재하지 않는다고 선언한 라부아지에의 이론을 완전히 수긍할 수 없었던 프리스틀리는 플로지스톤의 존재에 대해 증명하고 싶어 했다. 그럼에도 그는 자신의 마지막 저서인《플로지스톤 이론의 입증》에서조차 플로지스톤의 원리를 확립하지 못했다.

1801년부터 건강이 악화된 프리스틀리는 1803년부터는 침대에만 누워서 지내는 처지가 되고 말았다.

1804년 2월 6일, 프리스틀리는 자식들이 지켜보는 가운데 펜실베이니아의 노섬벌랜드에서 숨을 거두었다.

과학이 사실을 추적하는 학문이라고 하면 프리스틀리야말로 충실한 과학자였다. **기체화학**의 아버지였으며, 산소를 발견한 프리스틀리의 업적을 높이 평가한 미국 화학학회는 1922년에 조지프 프리스틀리 메달을 제정했다. 비록 플로지스톤 이론을 강하게 고집해 많은 사람으로부터 미래 과학을 믿지 않는 '늙은 과학자'라고 불렸지만, 그의 믿음은 과학적이라기보다 신학적이었다.

기체화학 기체에 관한 화학

프리스틀리는 모든 것이 간단한 요소로 분해가 된다고 믿었다. 하지만 라부아지에는 그 반대였다. 라부아지에는 모든 요소가 일정량으로 복합되면서 한 가지 성분이 된다고 믿었다. 하지만 누가 뭐라 해도 조지프 프리스틀리가 여러 학문에 미친 공은 실로 지대하다. 프리스틀리는 미래의 신학자, 역사가, 언어학자, 철학자 그리고 과학자들에게 많은 영감을 줄 수 있는 저서를 무려 134권이나 펴냈다.

자신의 업적을 내세우지 않고 겸허하게 과학과 신학을 신봉한 프리스틀리는 오늘날에도 많은 과학자들에게 영감을 불러넣고 있다.

식물은 어떻게 식량을 만들까?

이 세상의 거의 모든 유기체는 빛 에너지를 화학 에너지로 바꾸는 광합성 과정을 통해 필요한 에너지를 얻는다. 어떤 과정을 통해 그렇게 되는 것일까?

광합성 반응으로 만들어진 유기 화합물(포도당)은 화학 에너지를 갖고 있다. 즉, 영양분이다. 이런 영양분을 초식 동물이 먹고, 그 초식동물을 육식동물이 먹기 때문에 이 세상의 거의 모든 동물은 광합성으로부터 에너지를 얻는다고 할 수 있는 것이다.

광합성은 엽록체에서 일어나는 **화학반응**이다. 엽록체는 빨강, 파랑의 분광을 흡수하는 엽록소를 갖고 있는 세포 기관으로, 엽록소는 식물이나 원생생물이 광합성을 할 수 있게 해 준다. 대부분의 광합성 식물은 녹색 빛이 반사가 되기 때문에 전부 녹색이거나 적어도 녹색을 띤다. 녹색 잎의 면적 1㎟에는 50만 개의 엽록소가 들어 있다. 1㎟는 가로 1㎜, 세로 1㎜의 사각형 면적과 같은 넓이다. 이 작은 면적 속에 엽록소가 무려 50만 개가 들어 있는 것이다.

빛에너지가 엽록소에 흡수되면 엽록소 분자의 **전자**가 높은 에너지 상태로 뛰어 올라가게 되고, 높은 에너지 상태에 있던 전자는 다시 한 단계씩 내려오는 과정을 밟게 된다. 이때 물 분자의 결합이 깨지면서 수소 원자로부터 전자가 나오고, 그 부산물로 산소 기체가 만들어진다. 수소 원자에서 나온 전자는 엽록소로 들어가고, 전자를 잃은 수소 원자는 **양성자**가 된다.

화학반응 둘 이상의 물질이 결합하여 전혀 다른 종류의 물질이 만들어지는 과정

전자 음전기를 띠고 원자핵 주변을 도는 소립자의 하나로 화학 결합에 관여함

양성자 원자핵에 있으며 양전하를 띤 입자

햇빛에서 방출된 에너지는 아데노신 삼인산염(ATP)이라는 화학 에너지와 전기 에너지의 혼합 형태, 세포가 쉽게 사용할 수 있는 화학 에너지 형태, 니코틴아미드 아데노신 디뉴클레오 인산염(NADPH)이라는 전자를 운반하는 분자로 나뉜다. ATP와 NADPH는 이산화탄소 분자에 있는 탄소를 환원하고, 이 탄소는 탄수화물이나 포도당을 만드는 데 쓰인다. 간단하게 말하면 광합성은 햇빛, 이산화탄소, 물을 사용하여 포도당과 산소를 만들어내는 과정이라고 할 수 있다.

연 대 기

1733	3월 13일, 요크셔 부근의 잉글랜드 필드헤드에서 태어나다
1752~55	데븐트리 신학교에서 공부하다
1755	서포크의 니드햄 마켓 신학교의 목사가 되다
1758	낭트위치의 신부가 되어 소년소녀학교를 운영하면서 전기에 관한 실험을 시작하다
1761	월링턴 신학교에서 언어를 가르치는 교사가 되다
1762	월링턴 신학교의 목사가 되다
1764	에든버러 대학에서 법학박사 학위를 받다
1767	《실험으로 알아본 전기의 역사와 현재》를 출간하고, 리즈에 있는 밀힐 장로교회의 목사가 되다. 공기화학 실험을 시작하다
1771	식물이 내놓는 '좋은 공기(산소)'를 발견하고 기체를 모을 수 있는 수상치환 장치를 개발하다
1772	《고정된 공기를 함유하고 있는 물을 위한 지침》이라는 책을 출간하고, 왕립학회에 〈여러 종류의 공기 관찰〉이라는 논문을 제출하다
1773~80	셸번 백작을 위해 개인 비서와 도서관 업무를 보면서 많은 새로운 종류의 공기를 발견하기 위해 노력하다

1774	'플로지스톤이 없는 공기(후일 '산소'라고 이름 붙여짐)'를 발견하다
1774~86	다른 종류의 공기에 대한 실험 관찰과 자연철학의 분야에 대한 여섯 권의 책을 출간하다
1778	녹색식물은 산소를 만들어내기 위해 햇빛이 필요하다는 사실을 발견하다
1780~82	버밍햄의 미팅하우스에서 연설하다
1791	반종교적인 저서 《교회와 왕》을 출간하자, 폭도들이 그의 집과 실험실을 부수다
1794	가족 모두 미국으로 이민하다
1799	일산화탄소를 발견하다
1804	2월 6일, 70세의 나이로 미국 펜실베이니아의 노섬벌랜드에서 숨을 거두다

앙투안 라부아지에는
현대 화학의 기초를 세운
과학자로 인정받고 있다

현대 화학의 아버지,

앙투안 라부아지에

Antoine Lavoisier
(1743~1794)

현대 화학의 기본과 언어

연인들은 촛불의 부드러운 빛으로 낭만적이고 부드러운 분위기를 연출한다. 가족들은 모닥불 주변에 모여 마시멜로를 구워 먹고, 어린아이들은 케이크에 꽂힌 촛불을 끄며 생일을 축하한다. 이처럼 불은 매력적이다.

300년 전, 사람들은 불이 물, 흙, 공기와 함께 물질을 구성하는 4개 원소 중의 하나이고, 모든 것이 이 네 가지 원소로 만들어진다고 믿었다. 당시 과학자들은 불이 타는 것은 플로지스톤 때문에 생기는 현상이라고 믿었다. 불에 잘 타는 물질 속에 있는 플로지스톤 성분이 불로 방출된다고 생각한 것이다.

75년 동안이나 믿어 왔던 잘못된 플로지스톤 이론에 이의를 제기한 사람이 바로 라부아지에였다. 그는 엉뚱한 추측이 아니라 확실한 실험 결과를 토대로 산소 때문에 일어나는 연소 현상을 설명했다. 라부아지에는 **화합물**의 구성 성분을 알 수 있는 화학 명명법을 만들고, 화학 물질들이 서로 어떻게 반응하는지 알기 쉽게 종류별로 구분해 놓았다. 세계 최초로 화학 교과서도 저술하였다. 이러한 모든 업적으로 인해 라부아지에는 '현대 화학의 아버지'라고 불린다.

화합물 둘 이상의 원소가 화학적으로 결합하여 만들어진 물질

새로운 금속이
나올 것이야…….
ㅋㅋ
너도
이리와~.
마술 놀이는
니들끼리나
해라~.

변호사 집안

라부아지에는 1743년 8월 26일 파리에서 아버지 장 라부아지에와 어머니 에밀리 퐁티 사이에서 태어났다. 그의 조부가 그랬듯이 아버지 역시 성공한 변호사였다. 다섯 살 때 어머니를 잃은 라부아지에는 과부가 된 할머니, 그리고 고모와 함께 살게 되었다. 어릴 때부터 영특했던 라부아지에는 열한 살에 대학에 입학했다. 그곳에서 법학을 공부했지만, 화학과 식물학, 수학, 지질학, 우주과학도 배웠다. 그리고 1763년에 법학 학위를 받았지만, 점점 더 과학의 매력에 빠져 들었다.

라부아지에는 대학을 졸업한 후, 화학과 지질학 강의를 듣고, 홀로 다른 자연과학을 공부했다. 친구 진에띠엥 게타드는 자연과학에 대한 라부아지에의 열정을 높이 사 그를 프랑스의 지질 지도와 광물 지도를 만드는 연구에 합류시켰다. 그 후 몇 년 동안 라부아지에는 게타드와 프랑스를 여행하면서 흙, 광물, 수질 정보, 지질 정보 등을 수집했다. 라부아지에는 과학계에서 일하는 것을 몹시

즐거워했으며, 유명한 과학자가 되고 싶어 했다.

1765년 라부아지에는 당시 프랑스에서 가장 권위를 인정받는 과학 아카데미에 첫 번째 과학 논문을 발표했다. 논문 주제는 거름과 **석고**상을 만드는 데 쓰이는 석고를 분석한 내용이었다. 다음해, 파리 거리의 전등 개선 연구 대회의 심사위원들은 대회에 제출된 라부아지에의 논문을 보고 깜짝 놀랐다. 그리고 그의 실력에 감탄한 심사위원들은 라부아지에에게 국왕의 메달을 전달했다.

석고 황산염 광물로 물과 함께 섞으면 소석고가 됨

1768년, 라부아지에는 24세의 최연소 나이로 과학 아카데미의 보조 화학자로 임명되었다.

세금 회수 회사, 페르미 제너럴

라부아지에는 어머니로부터 충분한 유산을 물려받았지만, 과학 공부를 계속하기 위해서는 더 많은 수입이 필요해 프랑스 정부가 운영하는 개인 세금회수 회사인 페르미 제너럴에서 일했다. 프랑스 시민이 사는 담배 같은 생필품에 붙는 세금을 거두는 일을 하는 회사였다. 라부아지에는 파리 외각에 큰 성벽을 지어 시민들로 하여금 세금을 내지 않고 물건을 빼돌리는 것을 막으려고 했다. 라부아지에는 결백했지만, 회사 사람 중에는 세금을 많이 거둬 자기 몫으로 빼돌리는 사람이 많았다. 페르미 제너럴 회사에 들어간 것은 라부아지에의 인생에 큰 영향을 주었고, 나중에는 이 일로

인해 죽음을 맞게 된다.

1771년, 라부아지에는 페르미 제너럴 사장의 딸인 14세의 마리 앤과 결혼했다. 부부는 행복했지만, 아이가 없었다. 학력이 높은 마리는 라부아지에가 하는 일에 관심이 매우 많았다. 마리는 라부아지에를 위해 영어를 배워 영어로 된 과학책을 프랑스어로 번역해 주었다. 마리는 그림 솜씨도 뛰어나 라부아지에가 쓴 저서에 그림이나 표 등을 그려 넣기도 했다.

1775년, 라부아지에는 군부대의 화약 합성을 책임지는 정부 화약 행정부의 이사로 임명받았다. 그가 임무를 수행할 동안 화약 생산율과 화학 품질이 몰라보게 향상되었다. 이 직업을 갖게 되면서 라부아지에 부부는 파리 군수품 창고에 있는 실험실을 사용할 수 있었다. 실험실은 설계가 아주 잘 되어 있었는데, 이 실험실에 있는 기구 가운데 가장 중요한 기구는 저울로, 모든 물질의 무게를 매우 정확하게 측정할 수 있는 아주 훌륭한 저울이었다. 라부아지에가 한 거의 모든 실험이 바로 이곳에서 이루어졌다.

물에서 먼지로?

과학 아카데미는 정부로부터 모든 것을 지원받고 있었기 때문에 전문 과학 지식이 필요한 사건을 조사하라는 명령을 따라야 했다. 1768년, 라부아지에는 파리의 식수 수질 검사 연구원으로 임명받았다.

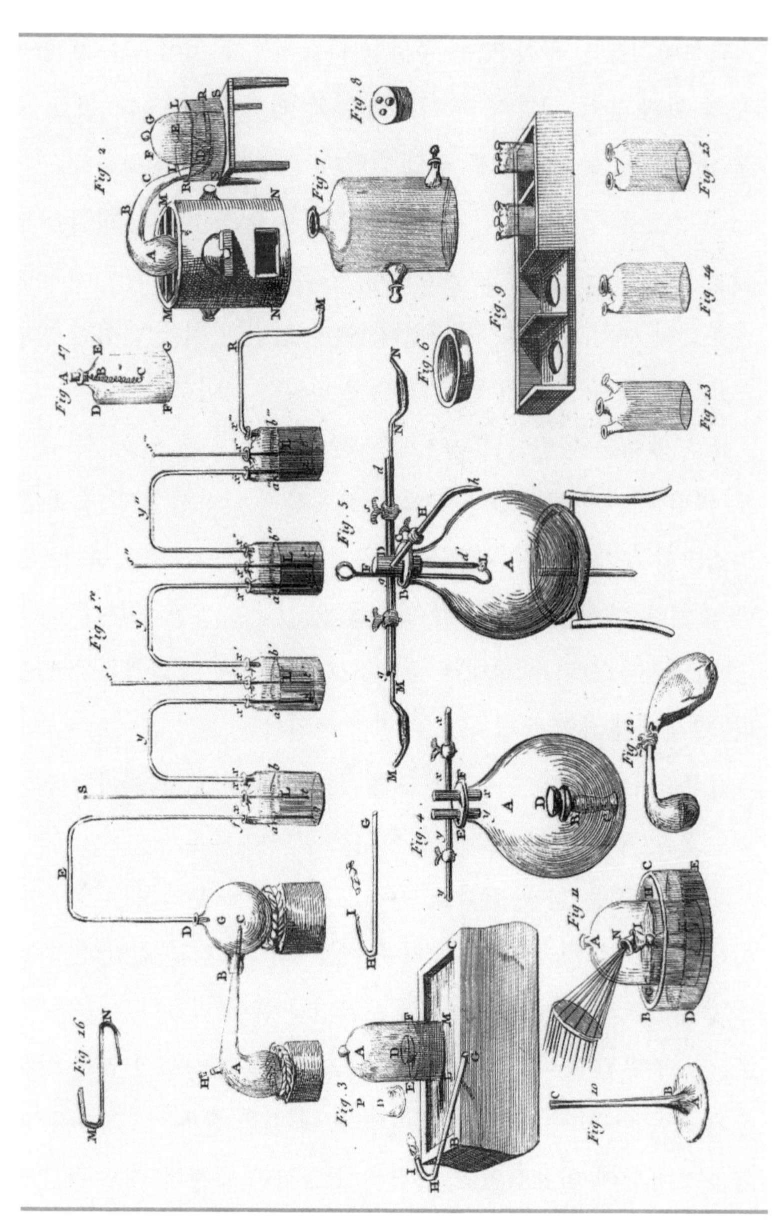

잘 꾸며진 라부아지에의 실험실에는 그 당시 최고의 실험 장치가 마련되어 있었다.

라부아지에는 물이 모두 증발한 다음에는 무엇이 남는지 알아보기 위해 물을 끓였다. 당시 대부분의 과학자들은 4대 원소, 즉 물, 공기, 흙, 불의 존재를 믿고 있었다. 이 네 가지 원소를 지구의 모든 물질을 구성하는 근본적인 원소로 여겼던 것이다. 화학은 연금술에서 창조되었다고 믿었으며, 연금술사들은 물질을 이루는 성분들이 변할 수 있다고 믿었다. 예를 들면 양철에 적절한 방법으로 변화를 주면 금이 될 수 있다고 믿었던 것이다.

물을 끓이는 동안 라부아지에는 물이 다른 기본 원소, 즉 흙으로 바뀔 것인지 궁금했다. 그래서 깨끗하게 닦아서 말린 유리 플라스크의 무게를 달고, 정확하게 무게를 단 깨끗한 물을 플라스크에 넣었다. 계속해서 병을 꽉 막은 다음 101일 동안 약한 불로 계속 가열하자 그의 예상대로 플라스크 밑바닥에는 퇴적물이 쌓였다. 그렇다면 과연 물이 흙으로 변한 것일까?

퇴적물이 들어 있는 플라스크의 무게를 재어 보자 끓이기 전과 끓이고 난 후의 플라스크 무게가 서로 같았다.

라부아지에는 물과 퇴적물, 플라스크를 따로 분리해 놓고 또다시 무게를 정확하게 쟀다. 물의 무게는 끓이기 전과 같았다. 하지만 플라스크의 무게는 퇴적물의 무게만큼 줄어 있었다. 이는 물이 흙으로 변환된 것이 아니라, 플라스크를 이루는 성분이 열에 의해 물에 녹아 나왔다는 사실을 의미했다. 이 실험 결과는 1770년, 과학 아카데미에 발표되었고, 실험에서 정확한 측정이 매우 중요하다는 것을 강조하는 계기가 되었다.

산화의 산소 이론

라부아지에가 다음으로 연구한 과학적 문제는 산화 현상이었다. 1770년대 초반, 라부아지에는 큰 돋보기를 사용해 다이아몬드를 태워 보았다. 그 결과 태우기 전의 다이아몬드와 공기의 무게는 태우고 난 후의 무게와 같다는 것과, 다이아몬드를 태우면 이산화탄소 기체로 변한다는 사실을 알게 되었다. 물론 당시에는 이산화탄소 기체를 알지 못했지만, 나중에 탄소가 타면 이산화탄소 기체가 된다는 것이 밝혀진다.

기본 원소인 물은 흙으로는 변하지 않는다는 실험 결과에 이어, 다이아몬드를 공기 중에서 태우는 실험은 질량 보존의 법칙을 이끌어내게 했다. 질량 보존의 법칙이란 화학반응이 일어난다 하더라도 물질들의 질량은 더 이상 늘어나지도 줄어들지도 않는다는 법칙을 설명하는 이론이다. 이 실험을 하기 전에는 기체를 반응체나 물질로 인정하지 않았지만, 라부아지에는 기체 상태를 인정하는 것이 중요하다고 주장했다.

17세기 말, 독일의 화학자 요한 비처와 조지 슈탈은 플로지스톤 이론을 이용해 물체가 연소되는 현상을 설명했다. 이 이론에 따르면 불은 플로지스톤이라는 원소로서 활동한다. 플로지스톤을 많이 함유한 기름이나 목탄은 더 잘 탈 것이다. 물체가 타면서 플로지스톤을 공중으로 방출하면 플로지스톤이 없어진 물체는 더

물체 질량과 부피를 가진 물질

이상 탈 수 없게 된다. 이 이론의 결정적인 모순은 금속이 탄 후 그 무게가 오히려 늘어나는 것을 설명하지 못하는 점이다. 이론대로 금속이 타는 동안 금속으로부터 플로지스톤이 방출된다면 왜 타고 난 후에 더 무거워지는 것일까? 아무래도 설명이 되지 않는다.

플로지스톤 이론을 옹호하는 과학자들은 플로지스톤의 무게가 음의 부호, 즉 마이너스 질량을 가지고 있는 것이기 때문이라고 주장했다. 이 주장은 금속에 무언가가 추가되었다는 논리적인 사고를 하고 있던 라부아지에를 짜증나게 만들었다. 라부아지에는 플로지스톤 이론을 주장하는 사람들이 사실을 근거로 이론을 내세우지 않고 자신들이 이미 믿고 있는 것을 끼워 맞추기 위해 실험을 한다고 생각했다.

1772년, 라부아지에는 이미 여러 사람들이 시도해 본 적이 있는, 다른 종류의 금속을 태우는 실험을 시작했다. 먼저 금속을 태우기 전에 정확한 금속의 무게를 달고, 태운 후에 다시 무게를 확인했다. 실험 결과는 그가 예상했듯이 황, 인, 양철, 납 모두가 타기 전보다 타고 난 후에 무게가 더 많이 나갔다. 이 물질을 금속들(당시에는 이것을 모두 금속이라 불렀으나, 현재 황과 인은 비금속 원소라는 것이 밝혀져 있다)을 입구를 막은 플라스크 속에서 태우고 나면, 금속의 무게는 늘고, 공기의 무게는 줄어든다. 이때 금속의 무게가 늘어난 만큼 공기의 무게가 줄어든다는 사실을 발견했다. 그리고 플라스크의 입구를 열자 공기가 플라스크 속으로 빨려 들어가는 것이 아닌가. 다시 플라스크의 무게를 달아 보니 물질이 탄 후 없어진 공기만큼의 무게가 늘어나 있었다.

라부아지에는 거꾸로 실험을 해 보았다. 실험은 태운 금속, 즉 공기와 결합한 금속을 목탄과 함께 밀폐된 용기에 넣고 가열하는 것이었다. 실험 결과, 금속으로부터 공기가 떨어져 나와 목탄을 태우게 한다는 것을 알았다. 공기가 떨어져 나간 금속의 무게는 공기와 결합하기 전의 금속 무게와 똑같았다. 이 실험 결과를 통해 라부아지에는 금속을 태우면 금속이 공기 중의 어떤 성분을 흡수한다고 주장했다.

1774년, 그는 이 결과를 과학 아카데미에 보고하고, 자신의 첫 저서인《물리적 · 화학적 논문》에도 기록했다.

같은 해인 1774년, 라부아지에는 파리를 방문 중이던 조지프 프리스틀리를 저녁식사에 초대했다가 프리스틀리가 한 실험에 대해 듣게 되었다.

실험의 내용은 밀폐된 플라스크 속에서 산화수은(수은의 연소 생성물)을 가열하였더니 새로운 종류의 공기, 즉 플로지스톤이 없는 공기가 만들어졌다는 것이었다. 라부아지에는 플로지스톤이 없는 공기는 촛불을 더 타게 하고, 동물들이 평소보다 더 오랫동안 살 수 있다는 말을 듣고 '플로지스톤이 없는 공기'라는 것은 분명히 산화 현상과 관련이 있을 것이라고 직감했다.

수은은 특별한 금속이다. 당시 과학자들은 목탄이 없는 용기 속에서 산화수은을 태우면 온전하게 다시 수은을 얻게 된다는 사실을 알고 있었다. 라부아지에는 저녁식사 자리에서 들은 프리스틀리의 실험과 자신이 했던 실험을 아주 정확하게 다시 해 보았다.

밀폐된 용기 속에 보통의 공기를 넣은 후 수은을 태우면 산화수은이 조금 만들어지고, 많은 양의 수은이 그대로 남았다. 이때 없어진 공기만큼 수은이 공기와 결합했을 것이라고 생각한 라부아지에는 용기 속에서 공기가 5분의 1, 즉 20%가 줄어들었다는 사실을 발견했다. 줄어든 만큼의 공기는 분명히 수은을 태울 때 쓰였을 것이다. 줄어든 20%의 공기 성분은 나머지 80%의 공기 성분과 전혀 다른 성질을 가지고 있었다. 프리스틀리가 주장하는 '플로지스톤이 없는 공기'란 바로 보통의 공기를 구성하는 한 요소로서, 산화 현상을 돕는 성분이었던 것이다.

라부아지에는 산화 현상이란 플로지스톤이 없어지면서 일어나는 현상이 아니라 금속과 이 공기의 결합 때문에 일어나는 현상이라고 주장했다. 그리고 이 공기의 이름을 '산을 만드는 것'이라는 뜻을 가진 '산소(옥시전, Oxygen)'라고 지었다. 하지만 이것은 잘못된 이름이었다.

현재 밝혀진 바에 의하면 비금속 원소와 산소가 결합했을 때 산이 만들어지는 것은 사실이다. 예를 들면 황이나 인 등의 비금속 원소를 태우면 산소와 결합하여 인산이나 황산이 만들어진다. 그러나 금속 원소의 경우에는 태워서 산소와 결합하게 해도 산이 만들어지지 않는다. 금속의 경우 산소의 추가는 오직 타고 난 후에 금속의 무게가 늘어나는 것을 설명해 줄 뿐이다.

라부아지에는 보통의 공기 성분에서 산소 성분을 제외한 나머지 부분을 '아조토'라고 불렀는데, '생명이 없다'는 뜻이다. 오늘날은 아조토를 질소라고 부른다.

라부아지에는 실험을 통해 발견한 사실들을 과학 아카데미에 보고하면서 프리스틀리의 공로는 언급하지 않았다. 다른 사람의 실험 결과를 이용하여 결론을 내면서, 다른 사람의 공을 가로챈 것이다.

1781년, 가연성 공기(수소)를 발견한 것으로 유명한 영국의 화학자 헨리 캐번디시는 가연성 공기와 산소가 화합하면 물이 만들어진다고 주장했다. 이것을 들은 라부아지에는 그때까지 원소로 여겼던 물은 원소가 아니라 산소와 수소가 결합하여 만들어진 화합물이라고 가정했다.

수소는 '물을 낳은 원소'라는 뜻을 가지고 있는데, 라부아지에는 가연성 공기의 이름을 수소라고 불렀다. 그리고 자신의 가정을 증명해 주는 실험을 선보였다. 그는 산소와 수소를 반응시켜 물을 만들고, 이 물을 다시 수소와 산소로 분해하는 데 성공했다. 이 실험을 통해 라부아지에는 물이 화합물이라는 결론을 내렸으며, 이 결론은 플로지스톤 이론을 성공적으로 공략하는 계기가 되었다. 하지만 물이 수소와 산소로 구성되어 있다는 사실을 발표할 때도 그는 다른 사람의 공을 가로챘다.

1783년이 되었을 때, 라부아지에는 자신의 산소 이론이 여러 과학자들로부터 인정을 받자 플로지스톤 원리를 강력하게 비난하기 시작했다. 라부아지에의 주장은 실험과 관찰에서 나온 논리적인 결론이었다.

보통의 공기는 적어도 두 가지의 구성 요소로 되어 있다. 이 가운데 하나가 산화 현상이 일어날 때 금속과 결합하는 성분으로, 동물의 호흡 작용을 도와주는 산소다. **금속 산화물**은 원소가 아니라 산소와 금속이 결합하여 생긴 화합물이다. 라부아지에가 주장하는 '산소'는 플로지스톤 이론으로 설명되지 않는 모든 의문점을 완벽하게 해결해 주었다.

금속산화물 금속이 타고 나서 생성되는 산화물

1786년, 그는 이 모든 설명과 요점들을 '플로지스톤에 관한 회고'라는 제목의 편지로 써서 과학 아카데미에 보냈다. 라부아지에의 주장을 받아들이면 당시까지 이루어진 화학에 대한 지식의 구조가 모두 바뀌어야 했기 때문에 원로 화학자들은 이것을 받아들이지 않으려고 했다. 이를 알게 된 라부아지에는 원로 화학자들이 반대하는 상황을 해결하기 위한 준비를 시작했다.

화학의 언어를 다시 쓰다

라부아지에는 연구를 통해 원소의 뜻이 바뀌어야 한다고 생각했다. 당시에는 로버트 보일이 내린 정의에 의해 '원소란 화학 작용에 의해 더 이상 분해가 되지 않는 성분'으로 알려져 있었다. 그러나 라부아지에는 '원소는 다른 원소와 결합하여 화합물을 구성

할 수 있는 성분'이라고 수정했다.

이것만으로는 만족하지 못했던 라부아지에는 화학의 역사에 관한 모든 것을 수록하는 백과사전을 집필 중이던 기통 드 모르보와 힘을 합해 산소의 연소 이론에 맞춘 새로운 화학 언어를 쓰기로 결정했다. 그리고 다른 두 명의 화학자인 베르톨레와 푸르크루아의 도움을 받아 화학 명명법을 만들어냈다.

화학 명명법이 만들어지기 전에는 연금술사들은 자신들의 연구를 비밀로 하기 위해 일부러 어렵고 복잡한 단어를 써서 표기해 왔다. 황산 대신 독한 기름이라 쓰고, 구리 초산염 대신 스페니시 그린이라고 표기하는 등등이 그 예이다. 라부아지에가 논리적으로 새로 만든 도표의 화합물들은 그 화합물을 구성하는 원소의 이름을 따서 만들었다. 예를 들면 산화질소라는 화합물은 산소와 질소 이름을 넣어 만든 것이다.

1789년, 라부아지에는 오늘날까지도 출간되는 학술지 〈화학 연대기〉를 창간했다. 이 잡지를 보는 사람들은 주로 라부아지에를 존경하는 사람들이나 새로운 화학을 배우려는 사람들이었다.

같은 해에 라부아지에는 자신의 역저인 《화학 교과서》를 출판했다. 이 책에는 화합물 명명법에 관한 연구와 산소 이론 등 중요한 발견들이 기록되어 있다. 이 책은 최초의 화학 교과서로 사용되었고, 더 나아가 화학 혁명을 이루는 데에도 기여했다.

라부아지에는 이 책에 자기가 아는 33개의 원소에 대해 기록했다. 그는 미래의 화학자들이 발견할지도 모르는 화합물이 자신이 말한 33개 원소 중에 포함되어 있을지 모른다고 생각했다. 화합물은 원소가 반응하여 만들어진 것으로서, 물질을 이루는 가장 근본적인 원소와는 구별되어야 하기 때문이다.

또 라부아지에는 빛과 열을 원소 목록에 추가시켰다. 하지만 빛과 열은 원소가 아니다.

이 책에는 대단히 중요한 법칙, 즉 질량 보존의 법칙이 기록되어 있다. 고체, 액체, 기체 중 하나의 형태에서만 질량이 보존될 것이라고 되어 있는 것이다. 또 기체 상태는 고체 상태나 액체 상태로도 존재할 수 있으므로 물질의 양을 화학반응에 반드시 포함시켜야 한다고 주장했다. 책 마지막에는 자신의 화학 연구와 방법, 그리고 기계 등을 설명해 놓았다.

호흡을 연구하다

1777년 라부아지에는 프랑스의 천문학자 겸 수학자 피에르 시몽 라플라스와 함께 몇 가지 실험을 시작했다. 1781년에는 화학반응에서 생기는 열이나 살아 있는 동물들이 방출하는 열을 측정하는 **열량계**를 발명한 피에르와 연구를 시작했다.

열량계 물체에서 발생하는 열을 측정하는 장치

열량계는 세 개의 통으로 이루어져 있었다. 가장 안쪽에 있는 통에는 반응물질을 넣고, 가운데 통에는 얼음을 채우고, 아래쪽에는 물질이 빠지는 구멍이 있었다. 바깥쪽

통이 안에 있는 공간을 감싸고 있어서 외부 온도가 실험 결과에 영향을 미치지 않도록 했다. 안쪽 통에서 방출되는 열로 인해 가운데 통의 얼음이 녹게 되고, 얼음 녹은 물을 측정해 발생한 열량을 계산할 수 있었다. 그리고 이 장치를 이용해 특정한 열이나 작은 동물의 체온을 측정하기도 했다.

라부아지에는 산화 현상 연구에서 호흡 연구로 연구를 이어갔다. 그는 호흡의 목적이 공기를 들이마셔 피를 식히는 것이 사실인지 궁금해 했다. 라부아지에는 열량계 속에 돼지 한 마리를 넣고 녹은 얼음물의 양을 측정해 돼지의 몸에서 발생한 열을 측정했다. 피에르의 도움으로 돼지가 내뱉은 이산화탄소의 양도 측정할 수 있었다. 그리고 돼지가 내뱉은 만큼의 이산화탄소를 발생할 수 있는 목탄의 양을 계산했다. 목탄을 태우면 이산화탄소가 나오기 때문에 작업이 어렵지는 않았다. 그는 목탄을 태워 계산된 만큼의 이산화탄소가 나왔을 때, 그 전 실험과 같은 양의 얼음이 녹았다는 것을 발견했다. 이 작업은 열에 의해 녹은 물의 수증기를 측정해야 하기 때문에 상당히 복잡한 방법으로 진행되었다.

라부아지에는 우리가 들이마시는 산소가 사람의 몸 안에 있는 탄수화물 등의 음식물을 태울 때 쓰인다는 사실도 알아냈다. 즉, 음식물이 소화되는 것은 바로 산소가 소모되는 산화 과정이며, 이때 열이 발생되는 것이다. 라부아지에는 동물의 호흡 현상과 산화 현상의 공통점은 산소를 들이마시고 열과 이산화탄소를 방출한다는 것이라고 생각했다.

1783년, 그는 호흡 현상이란 음식을 연료로 쓰는 느린 산화 현상이라고 발표했다. 이 실험들은 후에 펼쳐질 **열화학**(열과 관련된 화학 현상)의 받침목 역할을 하게 되었다.

> **열화학** 화학반응에 수반되는 열과 관련된 화학

라부아지에와 피에르는 화합물이 분해되어 각각의 원소로 나뉠 때 쓰이는 열량과 그 원소들이 다시 화합물로 만들어질 때 쓰이는 열량이 같다는 사실도 알아냈다.

그 후 아르망 시글의 도움으로 라부아지에는 인간의 호흡 현상에 대해 연구하기 시작했다. 아르망이 먹고 운동하고 다른 활동을 할 때 라부아지에는 그가 들이마시는 산소의 양, 뱉어내는 이산화탄소의 양, 맥박 수, 그리고 호흡 비율 등을 세심하게 관찰했다. 이 실험을 통해, 일을 할 때는 더 많은 양의 산소가 쓰이고, 호흡 비율과 맥박 수가 증가한다는 사실을 알아냈다. 날씨가 추울 때는 더 많은 양의 산소가 흡입된다는 것도 알게 되었다. 이는 동물들이 호흡을 통해 몸에서 열을 발생한다는 라부아지에의 주장을 뒷받침해 주었다. 라부아지에는 이러한 결과들을 1790년 아카데미에 보고했다.

사형

1789년에 프랑스 혁명이 일어났다. 세금을 올리고 횡포만 부리던 헨리 16세에 대한 프랑스 서민들의 불만이 폭발한 것이었다.

라부아지에는 혁명 초기에 서민들이 정부 정책에 더 많이 관여해야 된다고 생각했기 때문에 혁명에 찬성했다. 하지만 라부아지에는 세금 회사를 운영하는 간부였기 때문에 오히려 성난 군중의 표적이 되고 말았다. 혁명 지도부는 세금 회사의 모든 간부들을 체포했다. 간부들이 세금을 너무 많이 걷고 정부의 재물을 빼돌렸다고 생각했기 때문이다. 그리고 장폴 매럿은 라부아지에에 대해 불리한 증언을 했다. 흥미롭게도 오래전 아카데미에 보낸 장폴 매럿의 논문을 라부아지에가 비평하고 반대하자 이에 한을 품고 라

부아지에가 사업용 담배를 다 빼앗고 파리 근교 시민들을 성벽으로 가둬 숨 막히게 한 죄가 크다고 주장했던 것이다.

라부아지에는 이에 대해 해명하려 했지만, 과거의 정부와 관련된 것은 모두 근절하려고 마음먹은 혁명 지도부는 라부아지에의 말을 듣지 않았다. 그들은 라부아지에나 다른 과학자들 모두 프랑스의 적이라고 간주했다. 자신은 그저 과학자일 뿐이라는 라부아지에의 주장에 재판장은 '프랑스에는 더 이상 과학자가 필요 없다'고 응수했다.

재판 시작 15분만에 라부아지에는 사형을 선고받았고, 1794년 5월 8일, 사형에 처해졌다. 현대 화학의 창시자인 라부아지에가 50세에 참수당했던 이 순간은 전 세계가 유능한 과학자를 잃게 되는 순간이었다.

라부아지에는 예리한 사고력과 정신의 힘을 가진 사람이었다. 짧은 인생이었지만 화학 분야의 혁명을 이끌었던 그는 화학자들에게 논리적이고 알아듣기 쉬운 말로 지식을 전달했으며, 이러한 방식은 빠른 속도로 퍼져나갔다. 그가 발견한 모든 방법과 지식이 담겨 있던 세계 최초의 화학 교과서는 오랜 세월 동안 후에 나온 모든 화학 교과서의 표준이 되었다.

라부아지에는 화학 실험에는 정확하고 세밀한 측정 기술이 아주 중요하다고 생각했다. 그리고 플로지스톤 원리를 무너뜨리고, 정확한 실험 결과로 산화 현상을 증명했으며, 이리저리 복잡하게 얽혀 있던 화학의 세계를 진실한 과학의 세계로 이끌었다.

클라우디 루이 베르톨레

1787년에 출판된 《화학 명명법》은 화학 원소와 화합물을 논리적으로 배열했으며, 오늘날 화학의 기초에도 반드시 필요한 내용을 담고 있다. 화학 성분은 그것을 구성하는 원소의 이름을 바탕으로 만들어졌다. 이 작업에는 베르톨레를 포함한 세 명의 과학자가 함께했다.

베르톨레는 플로지스톤 원리를 반대한 라부아지에의 주장을 처음으로 받아들인 화학자였다. 섬유 공장의 관리인으로 일하면서 표백 과정을 공부했던 그는 1774년에 스웨덴의 셸레에 의해 발견된 염소가 표백에 유용하다는 것을 알았다. 염소는 원소가 아니라 산소를 함유한 화합물이라는 베르톨레의 믿음은 틀렸지만 그는 염소를 연구하다가 칼륨과 탄소가 섞이면 폭발한다는 사실을 알아냈다. 또 암모니아에 대한 연구도 했으며, 화합물을 어떻게 써야 하는지를 보여 주는 표기법을 찾아내기도 했다.

베르톨레는 라부아지에가 주장하는 산화 현상에는 동의했지만, 라부아지에가 믿는 것처럼 모든 산이 산소를 함유하지는 않을 것이라고 생각했다. 물론 질산이나 황산 같은 산은 산소를 함유하고 있지만 말이다. 그래서 시안화수소(청산)에 대해 연구한 결과, 산의 성질을 갖기 위해서는 반드시 산소가 함유되어야 하는 것은 아니라는 사실을 증명했다. 청산에는 산소가 들어 있지 않기 때문이다.

베르톨레가 1803년에 쓴 논문은 오늘날의 질량 작용의 법칙을 설명하고 있기 때문에 매우 유명하다. 이 법칙의 정확한 내용은, 반응물의 양은 반응 속도에 영향을 미친다는 것이다.

이 법칙이 받아들여지기까지 75년이라는 세월이 필요했으며, 물리화학 분야의 연구가 뒷받침되어야만 했다. 그러나 베르톨레는 반응물의 양이 생성물의 구성 성분에 영향을 준다고 잘못 생각하고 있었다.

연 대 기

1743	8월 26일, 프랑스 파리에서 태어나다
1754~63	퀴트리 대학을 다니고 법학 학위를 받다
1763~66	지질 연구를 위해 진에띠엥 게타드와 합류하다
1765	첫 논문인 〈석고에 관한 연구〉를 과학 아카데미에 제출하다
1766	파리 시내의 가로등을 개선한 공으로 메달을 받다
1768	페르미 제네랄 세금 회수 회사에 들어갔고, 물이 흙으로 변환될 수 없다는 사실을 증명하다
1772~73	금속이 타면 공기 중의 어떤 성분과 결합한다는 것을 증명하다
1774	첫 저서인《물리학적 · 화학적 논문》을 출간하다
1775	산화수은이 '깨끗한 공기'를 내놓는다는 프리스틀리의 실험 결과를 인하고, 정부의 화약 행정부 이사가 되다
1775~83	산화할 때의 산소 이론의 증거를 제시하고 플로지스톤 가설을 거부하다

1781~84	열량계 실험을 하고 동물의 열에 대해 연구하여 호흡은 느린 연소 현상이라는 결론을 내린다. 물은 수소와 산소의 화합물이라는 것을 증명하다
1786	〈플로지스톤에 관한 회고〉라는 논문에 연소에서의 산소 이론을 정리하다
1787	화학자인 베르톨레와 푸르크루아의 도움으로 화학 명명법을 만들어내다
1789	《화학 교과서》를 출간하고, 학술지를 창간하다
1790	인간의 호흡에 대한 연구 결과를 발표하다
1791	무게 단위와 측정 단위를 개선하는 작업을 시작하다
1794	5월 8일, 50세의 나이로 단두대에서 사형을 당하다

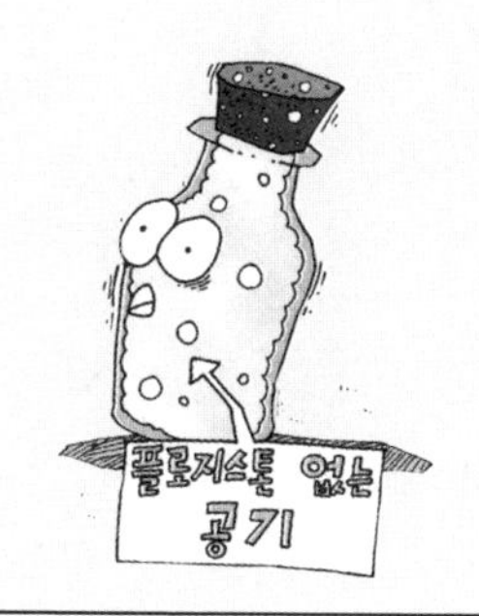

존 돌턴은
원자론을 세워
화학의 초석을 다졌다

원자의 존재를 입증한

존 돌턴

John Dalton
(1766~1844)

원자론

그리스의 철학자 데모크리토스는 물질을 이루는 가장 작은 단위를 설명하는 '더 이상 나눌 수 없는'이라는 뜻을 가진 원자라는 단어를 최초로 사용했다. 오늘날 원자는 원소의 화학적 성질을 가지고 있는 가장 작은 성분, 혹은 입자로 정의된다.

원자들이 모여 화합물이 된다. 그리고 물질의 성질을 가지고 있는 가장 작은 단위의 구성 요소는 분자라고 부른다. 이 단어들은 화학 세계의 모든 분야에 쓰이기 때문에 이 단어들을 익힌다는 것은 화학 수업의 시작이라고 할 수 있다.

퀘이커 교도인 존 돌턴은 교사였다. 그는 19세기 초에 원자론을 주장하고, 그 이론으로 많은 화학 현상을 이해하여 현대 화학의 발판을 마련했다. 돌턴이 원자를 발견한 것은 아니지만, 그는 무게 단위와 화학 현상의 확실한 증거를 들어 원자를 입증한 최초의 과학자였다. 돌턴은 분압법과 배수비례법도 만들었다.

으라차!
원자는
더이상 쪼갤 수
없어!
깡
ㅋㅋ
ㅋㅋ
원자

퀘이커 교도

존 돌턴은 1766년 9월 5일 혹은 6일에(기록이 일치하지 않음) 영국 카커마우스 부근 이글스필드에서 아버지 조지프과 어머니 데보라 사이에서 태어났다. 직조공인 아버지는 퀘이커 교도였다. 퀘이커교는 인간은 평화를 사랑하며 주권적인 발언권이 있고, 종교와 교육에서 남녀가 평등하다고 믿었다. 퀘이커교의 이러한 믿음은 돌턴의 성장기와 청년기에 영향을 주었다.

돌턴에게는 형 조나단과 여동생 메리가 있었다. 돌턴 형제는 아버지의 일을 돕기도 했다. 그들은 퀘이커 신학교에 다니면서 영어와 수학, 지질학, 성경 그리고 역사를 배웠다. 훌륭한 학생이었던 돌턴은 이웃에 사는 부자인 로빈슨으로부터 과학을 개인 지도 받았다. 로빈슨은 돌턴이 도서관에서 공부할 수 있도록 배려해 주기도 했다.

돌턴은 남달리 학업에 열정이 많았다. 열세 살 때 유명한 수학퍼즐 잡지 〈래디즈 다이어리〉를 혼자 편집하기도 했으며 이후 20

년 동안 기사를 싣는 등 이 잡지가 계속 출간될 수 있도록 여러 도움을 주었다.

수학 교사가 많지 않던 당시, 돌턴은 은퇴한 선생님의 뒤를 이어 열두 살의 나이로 학교의 수학 교사가 되었다. 하지만 경험이 많고 어린 학생들을 다룰 줄 알았던 다른 선생님들과 달리 어린 돌턴은 교사라는 직업에 익숙하지 않았다. 그래서 다른 일을 하기 시작했다.

자연철학자

돌턴이 15세 되던 해, 형 조나단은 돌턴에게 친척이 운영하는 켄달의 기숙학교 교사를 해 보라고 권했다. 요청을 받아들여 처음 몇 년은 기숙학교 교사를 했지만, 그 후 친척이 학교 운영을 그만두자 돌턴과 형 조나단이 공동으로 학교의 운영을 맡았다.

기숙학교에는 과학 서적이 그렇게 많지 않았지만, 돌턴은 그나마 몇 권 있는 과학 서적을 읽으며 지식을 쌓아 나가는 한편 이 학교에서 많은 과목을 가르치면서 12년이나 근무했다.

켄달의 기숙학교에서 일하는 동안 돌턴은 자유 시간을 이용해 철학자 존 고프에게서 수학과 과학을 배웠다. 고프는 어렸을 때 걸린 수두 때문에 간질병을 앓고 시력을 잃었지만 다른 감각을 이용해 고대 식물과 복잡한 계산을 할 수 있었던 유능한 학자였다. 돌턴은 젊은 나이에 성공한 성취감과 열정을 고프에게 바치면서 많은 것을 배웠다. 고프는 돌턴에게 습도, 온도, 기압 등의 날씨를 날마다 관찰하고 기록하도록 했다. 돌턴은 이 기록을 1787년부터 시작해 일생 동안 이어갔다.

1793년에 출판된 그의 첫 저서인《기상학적 관측과 논문》에는 돌턴이 그동안 계속해 온 날씨 기록과 날씨 관찰에 관한 과학적 방법들이 적혀 있었다. 또한 무역풍, 오로라와 지구 자기력의 관계, 강수 현상, 기압, 증발 현상에 대해서도 밝혀 놓았다.

돌턴은 다른 사람들과 달리 공기가 다른 기체에 의해 화학적으로 녹는다는 이론에 찬성하지 않았다. 대신 수증기가 공기로 흡수되는 것은 화학적 변화가 아니라 물리적 변화라고 주장했다.

그는 켄달에서 사는 동안 부업으로 대중들에게 광학과 우주학, 열, 공기압, 역학을 가르쳤다. 1793년에는 존 고프의 조언을 받아들여 맨체스터에 있는 뉴칼리지 대학의 수학 및 화학 교수로 취직했다.

맨체스터 문학철학협회

돌턴은 처음에는 자신의 삶과 교직에 그다지 만족하지 않았던 것 같다. 그는 결혼을 하거나 가족을 부양하기에는 수입이 부족하다고 생각하고 의학이나 법학으로 진로를 바꿀 생각도 했다. 하지만 주위의 조언을 듣고 계속 가르치는 일을 하기로 마음먹었다.

그 뒤 맨체스터의 뉴칼리지 대학에 적응하자, 그는 교직에 있으면서 다른 일을 할 수도 있다는 사실을 깨달았다. 돌턴은 날씨를 관찰하고 기록하는 일을 계속하면서 기상과 기압 현상에 흥미를 가지기 시작했다. 돌턴은 자신이 발견한 연구 내용에 대해 함께 의논할 사람들을 만났고, 1794년에는 맨체스터 문학철학협회에 가입했다.

회원들은 규칙적으로 만나 과학 저서와 새로운 발견 등에 대해 의견을 나누었다. 돌턴은 모임에 활발하게 참여해 1800년에는 서기를, 1808년에는 부회장을 맡았고, 나중에는 회장이 되어 세상을 떠날 때까지 계속해서 자리를 지켰다.

이 모임에서는 비정기적으로 논문이 발표되었는데, 발표된 논문은 모임의 논문집에 실렸다. 돌턴은 이 논문집에 117개의 논문을 발표했고, 그중 52개가 출간되었다. 최신 정보가 넘쳐흘렀고 학구적인 분위기를 간직하고 있던 큰 도시 맨체스터는 돌턴이 지식을 쌓고 연구하기에 안성맞춤이었다.

이 당시 돌턴은 미혼이었지만, 많은 친구들을 사귀면서 활발하고 적극적으로 생활했다. 또한 자신의 능력과 재능을 퀘이커교에 헌신하기도 했다.

그 후 돌턴은 맨체스터의 뉴칼리지 대학을 그만두고, 바로 그곳에서 개인 사숙을 열었다. 그리고 수학과 문법, 자연철학을 배우러 찾아온 8~9명의 학생을 위해 마음에 들지 않던 문법 교과서 대신 직접 《기초 영문법》이라는 문법 교과서를 저술했다.

경제적인 이유로 자진해서 뉴칼리지 대학을 나온 돌턴은 여생을 사숙에서 개인 지도를 하면서 경제활동을 이어나갔다. 문학철학협회는 돌턴이 학생들을 가르칠 수 있도록 협회에 소속된 방을 빌려주기도 했다. 이 일을 하며 돌턴은 자신이 흥미롭게 느끼던 연구를 계속해 나갔다.

돌터니즘(색맹)과 대기과학

1794년, 돌턴은 자신의 첫 과학논문인 〈색깔 인지에 관한 특별한 사실〉을 모임에서 발표했다. 돌턴은 자신이 선천적으로 빨간색과 녹색을 구별하지 못하는 색맹이라고 판단했다. 왜냐하면 이 논문을 발표하기 몇 년 전, 식물학 수업 시간에 자신이 다른 사람과는 다르게 색깔을 인식한다는 사실을 알아차렸던 것이다.

돌턴은 자신과 비슷한 증세가 있는 사람들에 관한 정보를 모아 이러한 현상을 설명하는 가설을 세웠다. 그는 증세가 있는 사람들의 눈동자 가운데 수분이 파랑색이기 때문에 빨간색 햇빛이 흡수되어 빨간색을 보는 것이 방해받는다고 생각했다. 자신이 색맹이라는 것을 알고 과학적으로 연구한 최초의 사람이었기 때문에 오늘날 색맹을 돌터니즘이라고 부른다.

그는 자신이 죽으면 자신의 눈동자를 해부하여 자신의 주장을 입증하도록 했다. 불행히도 돌턴의 주장은 틀린 것으로 판명이 났지만 그가 쓴 논문은 질병을 과학적으로 다룬 최초의 논문이 되었다.

돌턴의 주장이 틀렸다는 것은 1995년에야 밝혀졌다. 돌턴이 죽은 후 계속 보관되어 오던 그의 눈동자를 1995년에 DNA 검사를 한 결과, 그는 적록색맹이 아니라 가장 흔하고 일반적으로 나타나는 녹색맹으로 밝혀졌다.

돌턴은 자신의 저서인 《기상학적 관측과 논문》에서 기체의 성질에 대해 언급하기 시작했다. 그리고 몇 년에 걸쳐 연구 범위를 넓혀 비, 증발 현상, 열, 수증기 등에 대해 공부했다.

당시 대부분의 사람들은 공기가 한 가지 성분으로 이루어진 물질이라고 믿었지만, 돌턴의 생각은 달랐다. 그는 공기가 여러 기체의 혼합물이라고 생각했다. 그리고 이런 생각을 1801년에 〈자연철학, 화학 그리고 예술〉이라는 논문을 통해 학회지에 실었다. 또 돌턴은 문학철학협회에 제출한 논문에 기체 혼합물의 압력은 각 구성 성분 기체의 압력을 합한 것과 같다고 주장했다. 기체 A와 기체 B가 섞여 있을 때, 그 혼합 기체의 전체 압력은 각 기체 A, B의 압력을 더한 것과 같다는 뜻이다. 오늘날 이 법칙은 '돌턴의 법칙' 혹은 '부분 압력 법칙'이라고 부른다.

돌턴은 모든 기체는 열에 의해 부피가 팽창하는데, 팽창하는 정도는 기체의 종류에 관계없이 일정하다고 주장했다. 압력이 일정한 상태에서는 기체의 부피가 온도에 따라 변한다는 것이다. 다시 말하면 온도가 높아지면 기체의 부피는 늘어나고, 온도가 낮아지면 기체의 부피는 줄어든다. 이때 늘어나거나 줄어드는 비율은 기체의 종류에 상관없이 일정하다는 것이다.

이 이론은 오늘날 '샤를의 법칙'이라 부른다. 프랑스의 물리학자인 샤를은 최초로 기체의 온도와 부피의 관계를 주장한 사람이다. 돌턴은 샤를의 생각을 인정했으나, 당시 존 고프를 포함한 많은 과학자들은 샤를을 괴짜로 생각하고 그의 주장을 받아들이지 않았다. 그러자 돌턴은 샤를의 법칙을 증명하겠다고 결심했다.

그 결과, 1802년 문학철학협회에서 공기, 즉 대기의 구성에 대한 논문을 발표했다. 그는 이산화탄소와 같은 기체는 화학적 방법이 아니라 물리학적 방법에 의해 공기에 그냥 섞이는 것이라고 주장했다. 또 돌턴은 배수비례의 법칙을 설명했다. 배수비례의 법칙이란 다음과 같다.

예를 들어 메탄과 에틸렌이 있다고 하자. 두 기체 모두 탄소와 수소로 이루어진 화합물이지만, 메탄은 탄소 한 개에 수소가 네 개, 에틸렌은 탄소 두 개에 수소가 네 개 붙어 있다. 그러므로 각각에서 탄소와 수소의 비율은 메탄의 경우 1 : 4이고 에틸렌의 경우 1 : 2이다. 결국 메탄과 에틸렌에서 일정 탄소와 결합하는 수소 사이에는 2 : 1의 질량비가 성립한다.

이처럼 같은 성분으로 이루어진 서로 다른 화합물에서 한 성분과 결합하는 다른 성분 사이에는 일정한 질량비가 정수비로 성립한다는 것이 배수비례의 법칙이다.

가장 작은 부분들

용해성에 대해 연구를 계속하던 돌턴은 무거운 기체와 가벼운 기체가 섞이면 자연스럽게 확산되어 섞인 상태를 유지한다는 것을 보여 주었다. 또 같은 종류의 기체 분자 사이에는 반발력이 작용하지만, 다른 종류의 기체 분자 사이에는 반발력이 작용하지 않는다는 가설을 세웠다. 그리고 이것에 기초하여 기체, 액체, 고체 상태를 모두 포함하여 원자라는 입자가 이런 물질들을 이루는 가장 작은 단위라고 생각하게 되었다. 이렇게 더 이상 나누어질 수 없는 원자에 대한 가설을 세운 돌턴은 무게를 이용해 원자의 존재를 증명하기로 마음먹었다.

처음에는 모든 기체 분자가 같은 크기와 무게를 갖는다고 생각했지만, 왜 어떤 기체 분자들은 특정하게 비슷한 성질의 기체 분자에 대해 반발력을 보이는지 궁금했다. 돌턴은 한 원소의 모든 원자들은 모두 같은 무게를 가지고 있으며, 원소의 종류가 다르면 원자의 무게도 다르다고 생각했다. 예를 들어 탄소 원자들은 모두 서로 크기가 같고 무게도 같지만, 질소 원자와는 크기도 다르고 무게도 다르다.

원자의 크기가 너무 작기 때문에 무게를 측정하기가 거의 불가능했다. 그래서 돌턴은 다른 방법을 생각해냈다. 그는 원자 중에서 무게가 가장 가벼운 수소 원자의 무게를 1이라고 가정하고, 다른 원자는 수소 원자에 비해 상대적으로 얼마나 무거운지 측정해 보기로 했다. 예를 들어 수소가 물이 되려면 수소보다 여덟 배나 무거운 산소 원자와 결합해야 하므로 산소 원자의 무게를 8로 정했다. 하지만 그는 수소와 산소가 결합하여 물이 될 때의 비율을 1 : 1로 생각했는데, 이는 잘못된 생각이었다.

오늘날의 화학자들은 두 개의 수소 원자와 한 개의 산소 원자가 결합하여 물 분자를 만든다는 것을 알고 있다. 그러나 당시 돌턴은 이 사실을 몰랐기 때문에 가장 간단한 비율로 예상했다. 또 무게는 무거움의 단위이고 부피는 양의 단위이기 때문에 원자의 무게가 아니라 원자의 질량으로 무겁고 가벼움을 따지는 것이 더 정확하다. 돌턴은 1803년, 문학철학협회에 발표한 논문 〈물과 다른 액체에 의한 기체 흡수〉에서 최초로 원자량 표를 포함시켰다.

돌턴은 성분이 서로 다른 원자들이 결합하여 화합물을 만든다고 생각했다. 그 후 이탈리아 화학자 아보가드로는 같은 성분의 원자들도 다른 성분의 원자들처럼 화합물을 만들 수 있다고 주장했다. 돌턴은 원자들이 항상 1:1이나 1:2와 같이 간단한 정수비로 결합한다고 믿었다. 이 비율을 모든 화합물에 적용할 수 있으며, 같은 화합물에서 이 비율은 언제나 일정하다고 했다. 하지만 분자라는 단어는 더 나중에 쓰이게 된다.

새로운 방법

1807년, 돌턴은 에든버러와 글래스고에서 위의 생각들을 정리한 화학 원자론을 강의했다. 강의 내용은 1808년에 출판된 그의 책《화학의 새로운 체계》의 예고편이었다.

돌턴의 세미나는 주로 열에 대한 것이 많았지만, 아직 발견되지 않은 원자에 대한 것도 많았다. 돌턴은 같은 종류의 원자는 무게가 서로 같고, 원소의 종류가 다르면 무게도 달라질 것이라고 예측했다.

돌턴은 원자 표를 만들어 원자들이 결합하여 화합물이 될 때 작용하는 법칙과 연관시키기도 했다. 또 원자핵이 만들어지거나 파괴되는 것은 새로운 행성이 탄생하거나 파괴되는 것보다 더 어려울 수 있다고 주장하기도 했다. 새로운 화합물이 만들어지면 옛날 화합 물질들은 자연스럽게 새로운 화합물에 포함되었다. 원자들끼리 간단한 정수비로 반응하여 화합물을 만든다는 돌턴의 생각은 재검토되었다. 또 이 책에서는 돌턴의 배수비례 법칙과 1799년 프랑스 화학자 프루스트가 발견한 '일정 성분비의 법칙'을 연구했다. 《화학의 새로운 체계》에서 가장 중요한 점은 화학적 결합 비율을 이용하여 원자량을 측정하는 방법을 발견했다는 것이다.

대부분의 화학자들은 재빨리 돌턴이 쓴 《화학의 새로운 체계》에 거론된 방법을 시험적으로 이용했다. 이 책의 2부는 1827년까지 나오지 않았으며, 첫 부분에 비해 많은 호응을 얻지는 못했다. 아마도 시간이 너무 많이 흘러서였는지도 모른다.

돌턴의 화학 표기법은 동그라미 안에 글자와 알파벳을 써 가는 방법으로 원자를 표시하는 것이다. 이 방법은 화학 현상과 화학 현상에 대한 역학 정보를 알아내는 데 많은 도움을 주었다. 대표적인 예는 화합물에 포함된 원자들의 숫자다. 스웨덴의 화학자 베르셀리우스가 지금까지 쓰이는 알파벳 시스템으로 된 논리적인 화학 표기법을 새로 만들었지만, 돌턴은 이를 받아들이지 않았다.

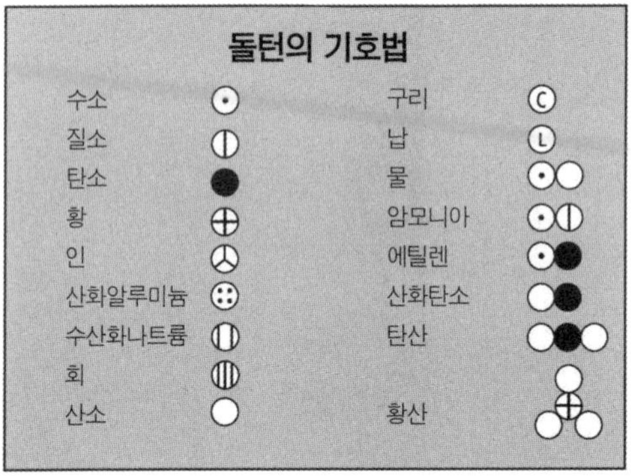

돌턴의 기호법

수소
질소
탄소
황
인
산화알루미늄
수산화나트륨
회
산소
구리
납
물
암모니아
에틸렌
산화탄소
탄산
황산

돌턴은 임의의 기호를 사용하여 각각의 원소를 표현하고 화합물의 구성 성분을 도식적으로 나타냈다. 그 당시 돌턴이 나타낸 화합물의 구성 성분 중 틀린 부분이 있는 것도 있다.

1826년, 베르셀리우스는 오늘날 쓰

이는 것과 측정치가 비슷한 원소의 부피 목록을 출간했다.

겸손한 퀘이커 성도에게 내려진 상

《화학의 새로운 체계》가 엄청난 성공을 거두자 영국 왕립학회 회장인 험프리 데이비는 돌턴에게 영국 왕립학회에 가입라고 권유했다. 당시 왕립학회는 맨체스터 문학철학협회보다 영향력이 더 큰 과학학회였다. 하지만 돌턴은 이를 정중히 거절했다. 과학에 대한 자신감이 넘친 그였지만, 항상 겸손하고 조용한 퀘이커 교도였기 때문에 자신의 이름이 널리 알려지는 것을 원하지 않았던 것이다.

돌턴은 자신이 예상하지 못한 상을 많이 탔다. 1816년, 프랑스 과학 아카데미로부터는 특파원으로 추천받았고, 1822년에는 런던 왕립학회 회원으로 뽑혔다. 원래 런던 왕립학회 회원으로 발탁되기 위해서는 선거를 통해 다른 회원들의 지지를 받고 실력을 입증해야 했지만, 프랑스 과학 아카데미가 돌턴의 공을 인정하자 런던 왕립학회 회원들은 아무 조건 없이 돌턴을 회원으로 받아들였다. 1826년에는 철학자로서 영광스러운 경쟁을 통해 과학의 목표와 진보를 이루었다는 공로로 왕립학회로부터 메달을 받았다. 그런데 돌턴이 과학 분야의 큰 공헌자에게 수여하는 메달을 받기 전, 회원들 간에 약간의 마찰이 있었다고 한다.

1830년에는 프랑스 과학 아카데미에서 뽑는 여덟 명의 해외 협

력자 가운데 한 사람으로 선정되었다. 다음해에는 영국 과학진보협회 설립을 위한 기금 마련 모임에도 참여했다. 당시 그는 이미 지난 몇 년간 적극적으로 과학진보협회 활동을 해 오고 있었다. 또 옥스퍼드 대학과 에든버러 대학에서 명예학사 학위를 받기도 했다. 1833년, 정부는 그에게 연금을 수여했으며, 1834년에는 에든버러 왕립학회의 회원으로 뽑혔다.

돌턴은 맨체스터 근교에서 대중을 가르치는 강사로, 많은 사업체에 조언을 해 주는 화학의 조언자로서 열심히 활동하면서 화학 연구도 계속했다. 그러나 1837년, 치매에 걸리면서 몸이 부분적으로 마비되고 정신도 많이 쇠약해졌다. 그럼에도 사망 당시까지도 문학철학협회에 꾸준히 논문을 발표했다. 1844년, 돌턴은 50년 동안 맨체스터에 내린 강우 현상을 기록한 마지막 논문을 발표하고, 같은 해 7월 27일, 77세의 나이로 세상을 떠났다.

퀘이커교는 거창한 장례식을 치르는 데 반대했지만, 맨체스터시 당국은 돌턴의 장례를 성대하게 치렀다. 시민들이 자신들의 저명한 과학자에게 존경심을 보이고 싶어 했기 때문이다. 4만 명이 넘는 사람들이 4일 동안 시청에 안치되어 있던 돌턴의 유해에 조문하고 존경심을 표했다. 그의 시신은 애드윅 묘지에 안장되었다.

돌턴의 원자론 중 몇 군데는 틀린 것으로 밝혀졌지만, 모든 물질은 작은 원자로 구성되어 있으며, 각 원소의 원자량은 탄소를 기준으로 하여 상대적으로 측정된다는 그의 핵심 주장은 오늘날의 화학 이론의 받침돌이 되었다.

원자는 오늘날 화학의 기초이며, 화학자들이 연구할 때 자신 있게 쓸 수 있는 측정 단위이기도 하다. 하지만 200년 전, 오직 돌턴만이 용기와 창의력으로 그 전의 모든 관찰 현상을 설명해 줄 수 있는 질량 보존의 법칙, 배수비례의 법칙 등의 이론을 만들어 냈다.

원자 연구는 돌턴의 죽음 이후 100년이 지나서야 더 발전할 수 있었다. 돌턴 시절에는 원자가 더 이상 분리되지 않는 입자라고 정의했지만, 오늘날에는 원자를 구성하는 더 작은 입자들, 즉 양성자, **중성자**, 전자 그리고 쿼크가 있으며, 이 입자들도 분리할 수 있다는 것이 밝혀졌다. 원자론 중 오류가 있기는 하지만 돌턴의 연구는 오늘날 화학자들 연구의 초석이 되었다.

중성자 원자핵에 있으며 전기를 띠지 않는 입자

베론 존스 제이콥 베르셀리우스

베르셀리우스는 18세기 초에 화학 분야를 평정한 사람으로, 알파벳을 화학의 표기로 쓰자고 제안한 화학자로 널리 알려져 있다.

그는 각 원소의 라틴 이름을 첫 자로 따고, 만약 두 원소가 같은 첫 자를 써서 두 원소의 표기가 겹칠 경우, 나머지에는 첫 두 글자를 쓰자고 제안했다. 그의 표기법은 배우기도 쉽고 알아보기도 쉬웠다. 예를 들어 산소(Oxygen)는 O를 쓰고, 질소(Nitrogen)는 N, 칼슘(Calcium)은 Ca를 쓴다.

또 베르셀리우스는 돌턴의 원자론을 지지했는데, 특히 돌턴이 원자량의 정확한 측정을 중요하게 여기는 점을 높게 평가했다. 그는 1807년에서 1817년 사이에 43개의 원소로 이루어진 2,000개가 넘는 화합물을 분석했으며, 1828년에는 당시로서는 가장 정확한 원자량 표를 만들어냈다.

또 셀레늄, 실리콘, 토륨의 세 원소를 발견했으며, 스웨덴의 지질학자인 빌헬름 하이싱어와 함께 세륨 원소도 발견했다(독일의 화학자인 마르틴 하인리히 클라프로도 세륨을 발견했다).

이성질체 분자식은 같고 구조식이 서로 다른 물질

이밖에도 베르셀리우스는 이성질체라는 단어를 만들어 썼는데, 이성질체란 구성 성분은 같으나 성질이 서로 다른 화합물을 가리키는 말이다. 동소체라는 말도 베르셀리우스의 작품으로, 동소체란 산소 기체와 오존 기체같이 한 가지 원소로 이루어진 물질이지만, 서로 성질이 다른 경우를 가리키는 말이다. 다이아몬드와 흑연 가루도 탄소로 이루어진 동소체다.

베르셀리우스는 원자들이 항상 일정한 비율로만 반응하는 것에 대해 다음과 같이 설명했다. 모든 화합물은 음의 전기를 띤 원자와 양의 전기를 띤 원자로 이루어져 있으며, 양전기 양과 음전기 양이 항상 일정한 비율을 유지하는데, 바로 그러기 위해서 원자들이 항상 일정한 비율로만 반응한다는 것이다. 하지만 베르셀리우스의 설명은 당시에는 받아들여지지 않았다.

연 대 기

1766	9월 5일 혹은 6일, 잉글랜드 이글스필드에서 태어나다
1778	퀘이커 학교에서 교사로 일하다
1781	퀘이커 학교를 떠나 켄달의 기숙학교로 자리를 옮기다
1785	켄달 기숙학교의 공동 교장이 되다
1787	기상학 일지를 계속 쓰다
1793	첫 저서 《기상학적 관측과 논문》 을 출간하고 맨체스터의 뉴칼리지 대학에서 가르치기 시작하다
1794	맨체스터 문학철학협회에 가입하고 첫 연구 논문인 〈색맹〉을 발표하다
1800	뉴칼리지 대학 교수직을 사임하다
1801	《기초 영문법》을 출간하고, 학술지에 혼합 기체에 관한 이론을 발표했다

1802~05	원자론을 만들다
1803	원자량 표를 제안하다
1807	스코틀랜드에서 한 강의에서 화학 원자론에 관한 생각을 발표하다
1808~10	《화학의 새로운 체계》의 첫 권을 출간하다
1827	《화학의 새로운 체계》의 둘째 권을 출간하다
1844	7월 27일, 맨체스터에서 77세의 나이로 세상을 떠나다

멘델레예프는
원소의 주기율표를
발전시킴으로써
혼란스러운 무기화학
분야에 체계를 세웠다

원소의 체계를 세운 과학자,

드미트리 멘델레예프

원소 주기율표

19세기 초, 영국의 화학자 존 돌턴이 원자론을 발표했다. 이 이론에서 주장하듯이 당시 모든 물질은 원자로 이루어져 있으며, 각각의 원자들이 결합하는 비율에 따라 다른 물질이 만들어진다는 생각이 널리 받아들여졌다.

19세기 중반 무렵, 화학자들은 원소와 화합물을 구별하는 법과, 특성 있는 63개 원소들의 차이점에 대해 배웠다. 몇몇 화학자들은 화학 원소의 조직도를 계속 채워 나가기 위해 화학 원소들 간의 관계를 연구했다. 하지만 이런 연구들은 한 사나이가 원자량의 원리를 종합하기 전까지는 헛수고처럼 보였다.

원소 주기율표는 이 힘든 시기를 견딜 수 있게 해 준 가장 중요한 과학적 업적이었다. 멘델레예프는 원자량과 원소의 주기율표를 연구하면서 불투명하고 조직력이 없던 화학을 조직력 있고 효율적인 과학 분야로 바꾸어 놓았다.

어허!
빨랑빨랑
안 모이나?
헉
흐억
으!
헉
흐억
....

비참한 시작

멘델레예프는 1834년 2월 8일, 시베리아 서부에 있는 토볼스크에서 14명의 형제자매 가운데 막내로 태어났다. 교사였던 아버지 이반은 멘델레예프가 어릴 때 백내장으로 학교 일을 그만두어야 했다. 어머니 마리아는 대가족을 먹여 살리기 위해 폐허가 된 유리 공장을 살려 가면서 일했다.

일곱 살 때 학교에 입학한 멘델레예프는 역사와 수학, 물리학에 특히 관심을 갖고 공부했다. 당시 혁명 혐의로 추방된 이반의 처남은 멘델레예프에게 과학을 가르쳐 주었다. 멘델레예프가 청소년이 되었을 때 아버지가 사망한 데 이어 어머니의 공장마저 불에 타고 말았다. 멘델레예프가 장차 성공할 것이라고 굳게 믿었던 어머니는 멘델레예프를 말에 태워 모스크바 대학에 입학시키러 갔으나 당시에 시베리아 주민은 모스크바 대학 입학이 금지되어 있었다.

1850년, 어머니 마리아는 멘델레예프를 상트페테르부르크에 있는 중앙교육대학에 입학시켜 물리와 수학을 공부하게 했다. 몇

달 후 마리아가 사망하자 멘델레예프는 어머니의 열정이 헛수고가 아니었다는 것을 증명하기 위해 더욱 더 열심히 공부했다.

멘델레예프는 1855년에 화학 분야의 학문에 관심과 열정을 갖고 중앙교육대학을 졸업했다. 그리고 화학적 성분 구성이 결정 구조에 미치는 영향을 알아보는 그의 논문 〈물질의 구조와 조성의 관계에서의 화학 결정〉이 〈광업 학회〉지에 실렸다. 멘델레예프는 졸업 후 오데사에서 교사로 일하면서 연구를 계속하는 한편, 부업으로 선업에 화학을 응용하는 논문과 교육에 대한 논문을 썼다.

결정 원자, 이온, 분자들이 규칙적인 배열을 하고 있는 고체 입자

1856년 9월, 그는 상트페테르부르크 대학에서 석사 학위를 받았다. 그의 논문 〈비부피〉는 물질의 화학적 성질과 결정학적 성질의 관계에 대해 연구한 것이었다.

화학 물질의 구조와 기능의 관계

멘델레예프는 몇 년 동안 교사 생활을 한 후, 화학자 로버트 분젠과 함께 독일 하이델베르크 대학에서 다시 화학을 연구하기 시작했다. 1859년과 1860년 사이, 용액의 성질과 열에 의한 액체의 팽창에 대해 연구하다가 1860년, 액체와 액체의 증기가 평형 상태로 공존하는 한계 온도를 발견했다.

멘델레예프의 연구 결과에 따르면, 한계 온도 이하에서는 압력

이 높아지면 기체가 액체로 변하지만, 한계 온도를 넘어서면 아무리 압력을 높여도 기체가 액체로 변할 수 없다는 것이었다. 아일랜드의 화학자 토머스 앤드루가 이 현상을 발견한 것으로 유명하지만, 사실 멘델레예프의 연구가 그보다 훨씬 오래전에 이루어졌다.

1860년, 독일에서 아주 중요한 최초의 국제 화학학회가 열렸다. 러시아 정부는 러시아의 유명한 과학자인 멘델레예프를 대표로 내보냈다. 회의 주제 중 하나는 원자량을 측정하는 표준 방법에 관한 것이었는데, 이에 반대하는 의견이 많았다. 이탈리아의 화학자 스타니슬로 캇니차로는 아메데오의 가설이 원자량과 분자량을 결정하는 명백한 방법을 어떻게 제시하는지 설명했다.

이탈리아의 물리학자이자 화학자인 아보가드로는 1811년에 모든 기체는 같은 온도와 같은 압력에서 부피가 같을 경우 그 속에 들어 있는 입자의 수 역시 같다고 주장했다. 여기에서 말하는 입자는 분자일 수도 있고, 원자일 수도 있다. 아보가드로의 가설은 캇니차로가 이 회의에서 다시 언급하기 전까지 계속 무시당해 오고 있었다. 다시 회생한 이 가설로 인해 이제 원자량을 정확하게 측정할 수 있게 되었다. 이 가설에서 추론되는 아보가드로 수는 그의 이름을 따서 지어졌다. 아보가드로 수는 6.02×10^{23}을 가리키는데, 정말 엄청나게 큰 수다. 당시 멘델레예프는 원자량이 자신의 미래에 얼마나 큰 영향을 줄지 전혀 모르고 있었다.

1861년에 상트페테르부르크로 돌아온 멘델레예프는 공과대학에서 공업화학 담당 교수가 되었다. 그는 화학 연구를 계속하면서 몇 편의 논문을 썼다. 또 그해에 《유기화학》이라는 교과서를 출판해 상을 받았다. 다음해인 1862년, 멘델레예프는 누나의 권유로 피오즈바 니키티나와 결혼했다. 이혼하기 전까지 두 사람 사이에는 두 명의 아이가 있었다.

1865년, 그의 논문 〈알코올 수용액에 대하여〉는 많은 호응을 얻었으며, 멘델레예프는 상트페테르부르크 대학으로부터 박사 학위를 받았다. 이때까지 멘델레예프의 연구 목적은 물질의 화학적 성질, 물리적 성질과 화학적 조성의 관계를 알아내는 것이었다. 모든 물질은 화학적 성질이 있는 가장 작은 단위인 원자로 이루어져 있으며, 원자는 더 이상 나누어질 수 없다. 원자는 원자핵과 그 주변의 전자로 이루어져 있는데, 원자핵에는 양성자와 중성자가 들어 있으며, 전자는 원자핵을 둘러싸고 있다. 전자는 연속적인 구름처럼 계속 움직이고, 일정한 공간 안에서만 존재한다. 그 공간을 **전자껍질**이라고 부르는데, 각각의 전자껍질에 들어갈 수 있는 전자의 수는 제한되어 있다. 가장 낮은 에너지를 갖는 전자껍질에는 2개의 전자가 들어갈 수 있고, 두 번째와 세 번째 껍질에는 8개의 전자가 들어갈 수 있다. 네 번째와 다섯 번째 전자껍질에는 각각 18개의 전자가 들어갈 수 있다.

전자껍질 원자 내에 있는 전자들의 에너지 준위

원자가 화학반응을 할 때 가장 바깥 전자껍질에서 얻게 되거나 잃게 되는 전자 수

전자껍질에 전자가 채워질 때는 반드시 지켜지는 규칙이 있다. 만약 한 **원자가** 12개의 전자를 가지고 있다면, 첫 번째 껍질에

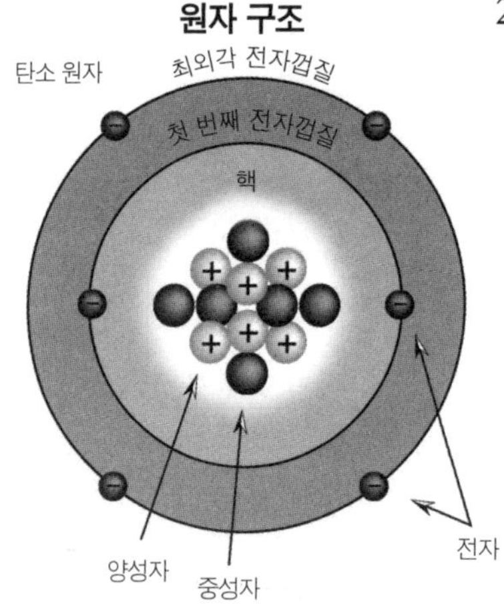

원자는 원자핵과 전자로 이루어져 있다. 원자핵에는 양성자와 중성자가 들어 있으며, 음의 전기를 전자는 원자핵 주변에서 일정한 에너지를 갖는 전자껍질(궤도)을 이룬다. 탄소 원자의 경우, 2개의 전자는 원자핵에서 첫 번째 전자껍질에 있고 나머지 4개의 전자는 두 번째 전자껍질, 즉 최외각 전자껍질에 있다.

2개, 두 번째 껍질에 8개, 그리고 마지막 세 번째 전자껍질에는 2개가 들어간다. 원자는 가장 바깥쪽에 있는 전자껍질에 전자가 꽉 찬 상태가 가장 안정적이다. 그래서 원자들이 결합할 때 가장 바깥쪽 껍질부터 전자를 채우기 위해 다른 원자로부터 전자를 더 받을 수도 있고 자신이 갖고 있는 전자를 잃어버릴 수도 있다. 이때 가장 바깥쪽 전자껍질에 있는 전자를 최외각 전자라고 부른다. 원자가는 가장 바깥 전자껍질에서 얻거나 잃어버리는 전자의 수를 말한다. 원소의 화학적 성질은 최외각 전자의 수나 원자가에 의해 영향을 받는다. 이로서 몇 년 동안 화합물의 구조와 기능을 연구하던 멘델레예프는 새로운 분야를 개척하게 되었다.

원자는 양성자와 중성자로 된 원자핵과 핵 주변을 둘러싸고 있는 전자로 이루어져 있다. 음의 전기를 띤 전자는 마치 구름처럼 핵 주변의 일정한 공간을 차지하고 있으며, 전자껍질이라 부르는 여러 개의 에너지 값을 갖는다. 탄소 원자에서 두 개의 전자는 첫 번째 전자껍질에 들어 있고, 나머지 네 개의 전자는 두 번째 전자껍질, 즉 최외각 전자껍질에 들어 있다.

마침내 통합된 이론

상트페테르부르크 대학에서 교수 생활을 하는 동안 멘델레예프는 아주 성공적인 두 권의 화학 교과서인 《화학의 원리》를 썼다. 그는 교과서를 쓰는 동안 화학 원소들 간의 관계를 연구하고 싶어졌다.

원소의 기본 형체에는 액체, 고체, 기체가 있다. 원소 중에는 형체가 단단한 것도 있고, 부드러운 것도 있다. 또 색상도 다양하고, 성질도 서로 다르다. 하지만 멘델레예프는 이 원소들 간에 분명히 연결고리가 있다고 생각하고, 연결고리를 찾아내기로 마음먹었다.

읽는 사람이 보기 쉽게 원소들을 논리적으로 나열하는 방법을 고민한 멘델레예프는 당시 알려져 있던 63개의 원소를 한 장씩의 카드로 만들었다. 카드에는 원자가 등 다른 정보도 적어 놓았다.

원소들의 성질에 따라 카드를 나열해 보던 멘델레예프는 문득 원자량 순서대로 카드를 나열하는 것이 가장 논리적이라는 사실을 깨달았다. 원자량은 원자의 부피와 원자 속에 있는 양성자, 그리고 전자의 수와 관계가 있기 때문이다. 기쁜 마음으로 원자량 순서대로 카드를 나열한 멘델레예프는 매우 인상적인 점을 발견했다.

같은 가로줄에서 여덟 번째 카드의 원소가 모두 비슷한 성질을 갖고 있었다. 하나의 가로줄에 여덟 장의 카드를 놓고 표를 만들어 보니 같은 세로줄에 있는 원소들의 성질이 서로 비슷하다는 사실을 발견한 것이다. 물론 모든 원소가 반드시 그런 것은 아니었다. 그래서 약간 성질이 벗어나는 부분의 원소들은 성질에 맞추어 다시 나열했다. 예를 들면 베릴륨은 원자량이 14였지만 베릴륨의 성질은 15**족**(15번째 세로줄)보다 2족(2번째 세로줄)에 더 잘 맞았기 때문에 베릴륨의 원자량을 9로 추측하고 배열했다.

19세기 초에 영국 화학자 헨리 모즐리가 몇 가지 원소들의 무게, 즉 원자량을 정확하게 결정하게 되는데, 이 값은 멘델레예프가 예측한 값과 거의 일치한다. 즉, 멘델레예프의 예측 값이 상당히 옳았던 것이다.

원자량을 추측하는 어려움은 극복했지만, **주기**율표에는 아직 미완성으로 남아 있는 부분이 많았다. 멘델레예프는 완전한 주기율표를 완성하려면 몇 가지 원소를 더 발견해야 한다고 생각했다.

족 주기율표에서 세로줄을 가리키는 말. 같은 족 원소들은 화학적 성질이 비슷함

주기 원소 주기율표에서 가로줄

그는 붕소와 알루미늄을 포함하는 그룹의 세 번째 빈칸에서 고민했다. 어떤 원소가 그 자리에 들어가야 할까? 일단 빈칸들을 모두 비워 둔 채 나머지 원소들을 성질에 따라 배열했다. 그리고 빠진 자리에 들어갈 원소들의 원자량, 밀도 혹은 이 원소들이 만들어낼 수 있는 화합물을 예측했다.

но въ ней, мнѣ кажется, уже ясно выражается примѣнимость выставляемаго мною начала ко всей совокупности элементовъ, пай которыхъ извѣстенъ съ достовѣрностію. На этотъ разъ я и желалъ преимущественно найдти общую систему элементовъ. Вотъ этотъ опытъ:

			Ti=50	Zr=90	?=180.
			V=51	Nb=94	Ta=182.
			Cr=52	Mo=96	W=186.
			Mn=55	Rh=104,4	Pt=197,4
			Fe=56	Ru=104,4	Ir=198.
			Ni=Co=59	Pl=106,6,	Os=199.
H=1			Cu=63,4	Ag=108	Hg=200.
	Be=9,4	Mg=24	Zn=65,2	Cd=112	
	B=11	Al=27,4	?=68	Ur=116	Au=197?
	C=12	Si=28	?=70	Sn=118	
	N=14	P=31	As=75	Sb=122	Bi=210
	O=16	S=32	Se=79,4	Te=128?	
	F=19	Cl=35,5	Br=80	I=127	
Li=7	Na=23	K=39	Rb=85,4	Cs=133	Tl=204
		Ca=40	Sr=87,6	Ba=137	Pb=207.
		?=45	Ce=92		
		?Er=56	La=94		
		?Yt=60	Di=95		
		?In=75,6	Th=118?		

а потому приходится въ разныхъ рядахъ имѣть различное измѣненіе разностей, чего нѣтъ въ главныхъ числахъ предлагаемой таблицы. Или же придется предполагать при составленіи системы очень много недостающихъ членовъ. То и другое мало выгодно. Мнѣ кажется притомъ, наиболѣе естественнымъ составить кубическую систему (предлагаемая есть плоскостная), но и попытки для ея образованія не повели къ надлежащимъ результатамъ. Слѣдующія двѣ попытки могутъ показать то разнообразіе сопоставленій, какое возможно при допущеніи основнаго начала, высказаннаго въ этой статьѣ.

Li	Na	K	Cu	Rb	Ag	Cs	—	Tl
7	23	39	63,4	85,4	108	133		204
Be	Mg	Ca	Zn	Sr	Cd	Ba	—	Pb
B	Al	—	—	—	Ur	—	—	Bi?
C	Si	Ti	—	Zr	Sn	—	—	—
N	P	V	As	Nb	Sb	—	Ta	—
O	S	—	Se	—	Te	—	W	—
F	Cl	—	Br	—	J	—	—	—
19	35,5	58	80	190	127	160	190	220.

멘델레예프는 1869년에 처음 고안한 원소 주기율표를 발표했다.

그런데 많은 과학자들이 멘델레예프의 작업에 강한 불만을 표시했다. 하지만 멘델레예프의 예측대로 갈륨, 스칸듐, 게르마늄이 나중에 발견됨으로써 멘델레예프의 예측이 옳았다는 것이 증명되었다.

야심적인 행동가

멘델레예프는 화학 분야뿐만 아니라 러시아의 교육 제도와 경제 발전에도 재능을 발휘했다. 1868년에는 러시아 화학학회의 설립을 도왔는데, 이 학회의 목적은 과학자, 산업, 교육 더 나아가 화학 산업체, 화학 교육을 연합하는 것이었다. 현재 이 학회는 '러시아 멘델레예프 화학학회'라고 불리며, 4년마다 러시아 과학학회와 손잡고 화학 분야에서 공을 세운 사람에게 골든 멘델레예프 메달을 수여한다.

1869년 3월, 멘델레예프는 자신이 발견한 주기율표와 주기율의 규칙을 러시아 화학학회에서 〈원소들의 성질과 원자량의 관계〉라는 제목의 논문으로 발표했다. 1871년에는 멘델레예프가 발견되지 않았다고 예측한 세 원소에 대한 논문을 러시아 화학학회지에 발표했다. 이 책은 독일어판으로도 출간되었기 때문에 많은 과학자들이 볼 수 있었다. 1876년에는 여생을 같이할 안나 이바노바와 결혼했다. 당시 첫 부인과 이혼하지 않은 상태였기 때문에 중혼죄로 형을 받아야 했지만, 러시아 황제는 화학 분야에서 세운 공을 높이 사 그의 죄를 사면해 주었다. 멘델레예프는 두 번째 부인과의 사이에서 네 명의 자녀를 두었다.

멘델레예프는 화학 분야의 연구와 저서 이외에도 무역, 광산, 농업, 석유 산업 발전에 힘을 쏟았고, 러시아의 경제 발전에 많은 기여를 했다. 1876년에는 미국으로 건너가 석유 산업에 대해서도 배웠다. 하지만 멘델레예프는 질보다 양을 추구하는 미국의 석유 산업 형태를 그다지 좋아하지 않았다. 또 외국 세력이 러시아 영토의 석유를 파헤치는 점을 강하게 비난하는 탄언을 정부에 올렸다. 정부는 이를 좋게 받아들이지 않고, 모두 무시해 버렸다.

멘델레예프는 1876년, 상트페테르부르크 과학학회 회원으로 선출되었지만, 그가 인권과 사회에 악의를 끼칠 염려가 있다고 생각한 사람들 때문에 이사직에는 선출되지 못했다. 또 교육 방침에 반대하던 학생의 탄원서를 직접 제출해 준 죄로 교수직을 박탈당하기도 했다. 정치 운동가였던 멘델레예프의 인권에 대한 대중적 발언이 문제가 됐던 것이다.

그럼에도 불구하고 1893년, 멘델레예프는 정부의 도량형국의 책임자로 발탁되어 러시아의 무게 및 측량 제도를 발전시키는 데 힘썼다.

그의 명예를 이룬 요소들

멘델레예프는 갈륨, 스칸듐, 게르마늄이 발견된 후, 원소 주기율에 대한 생각을 점점 더 키워 나갔다. 1882년에는 영국 왕립학회로부터 데비 메달을, 1905년에는 카플리 메달을 받은 멘델레예프는 1894년에는 옥스퍼드와 케임브리지 대학으로부터 명예박사 학위를 받았다. 하지만 안타깝게도 백내장에 걸리며 건강에 적신호가 걸린 뒤 1907년 2월 2일, 급성폐렴으로 세상을 떠났다.

그가 사망하자 원소 주기율표를 손에 든 수많은 학생과 학자들이 그의 장례 행렬을 뒤따랐다.

멘델레예프는 화학 원소들은 원자량에 따라 분류해야 한다고

주장했으며 원자량을 기준으로 각각의 원소들을 배열해 놓았다. 이와 같은 그의 주기율표는 아직 발견되지 않은 원소들을 찾아내는 데 크게 기여했다. 많은 학자들로부터 인정받은 멘델레예프의 원소 주기율표는 오늘날 세계의 모든 화학실의 벽에 붙어 있으며, 화학을 배우는 학생들은 그의 원소 주기율표를 공부하고 있다.

19세기 과학자들이 측정할 수 있는 원자들의 무게를 사용하여 원소들을 분류하려 했던 것에 반해 멘델레예프는 납득할 만하면서 규칙적인 체계를 제시해 지금까지 몰랐던 원소들을 예상할 수 있었고, 발견할 수 있었다.

1955년, 캘리포니아 버클리 대학에 있는 세 명의 화학자는 멘델레예프가 예측한 101번 원소를 발견해 멘델레예프의 업적을 기리는 뜻에서 멘델레븀으로 명명했다.

원소 주기율표

원소 주기율표는 화학을 소개하는 아주 편리한 도구다. 원소들을 원자량 순서로 배열한 원소 주기율표에는 화학적 성질이 비슷한 원소들이 같은 족으로 분류되어 있다. 원소의 종류는 알파벳으로 표시하며, 이를 원소 기호라고 한다.

원소 기호의 윗부분에는 원자번호를 적는다. 주기율표에는 원소들을 네모 칸에 표시하고, 이것들을 일곱 개의 가로줄에 배열해 놓았다. 당시에는 원자번호나 양성자 수를 배열하는 방법이 발견되지 않았고, 1914년에 가서 영국 물리학자 헨리 모슬리가 방법을 제안했다. 오늘날 쓰이는 '원자량'이라는 말은 멘델레예프 시절에는 원자 무게라고 불렸다.

물론 원자량은 원자 속에 들어 있는 양성자의 수, 즉 원자번호와 관련이 있다. 멘델레예프가 살았던 시절이 지난 후에 원소의 주기율표를 나타낼 때 원자량보다 원자번호를 사용하는 것이 더 정확하다는 것을 알게 된다. 원자번호는 양성자가 늘어날 때마다 늘어난다. 원자핵 속에 있는 양성자의 수가 곧 원자번호이며, 이것에 의해 원소의 종류가 결정된다. 오늘날의 원자량이란 탄소 동위원소 12를 기준으로 한 원자들의 상대적인 질량비를 말하며, 원자량은 원소 기호의 아래쪽에 표시한다.

원자번호　원자핵 속에 있는 양성자의 수

동위원소　양성자의 수는 같고 중성자의 수가 서로 다른 원자

주기율표의 가로줄은 주기라고 부르며 1주기에는 2개의 원소만 들어 있다. 2주기와 3주기에는 각각 8개의 원소가 있고, 4주기와 5주기에는 원소가 18개씩 있다. 세로줄은 족이라고 부르며, 원소들은 몇 가지 족으로 나뉜다. 같은 족에 속하는 원소들은 서로 비슷한 성질을 가지고 있다. 1족(수소를 제외해야 한다)은 알칼리 금속이라 부르는데, 모든 알칼리 금속은 반응성이 매우 크며, 전자를 잘 잃어버리는 성질이 있다. 가장 마지막 세로줄은 18

족으로, 18족에 속하는 원소들은 모두 반응성이 거의 없으며, 다른 원소와 거의 결합하지 않는다. 마치 귀족처럼 아무 일도 하지 않고 가만히 있다고 해서 '귀족 기체'라는 이름이 붙었다. 나중에 알게 되지만, 귀족 기체에 속하는 원소들은 원자가, 전자가 모두 채워졌기 때문에 화학적으로 반응이 거의 일어나지 않는다.

주기율표에서 서로 가까이 붙어 있는 원소들은 같은 족이 아니어도 서로 비슷한 성질을 가지고 있다. 예를 들면 모든 금속 원소는 가까운 곳에 배치되어 있는데, 모두 전기 전도성이 있으며, 금속광택이 나고, 열에 강하다. 또한 수은을 제외한 모든 금속은 상온에서 고체 상태다. 모든 금속 원소들은 주기율표의 왼쪽에 배치되어 있는 것이다. 반면에 탄소, 인 등의 비금속 원소들은 주기율표의 오른쪽에 배치되어 있다. 따라서 원소가 주기율표의 어느 위치에 있는가에 따라 그 원소의 반응성을 예측할 수 있다.

서로 반대쪽에 있는 금속 원소와 비금속 원소 사이에 반응이 일어나면 이온 화합물이 만들어진다. 원소 주기율표에서 나타나는 또 하나의 경향성은 바로 원자의 크기다. 일곱 개의 가로줄에서 아래로 내려갈수록 원자의 크기가 커진다. 반면에 같은 가로줄에서 하나씩 오른쪽으로 옮겨가면 원자들의 크기는 줄어든다.

원자의 최외각 전자껍질에 있는 전자의 수도 주기율표에서 주기성을 나타내는 성질 중의 하나다. 원자에 있는 전자껍질의 수는 바로 그 원자가 속해 있는 주기를 가리킨다. 예를 들면 마그네슘은 3주기 원소인데, 이 원자는 3개의 전자껍질을 가지고 있다. 또 최외각 전자껍질에 있는 전자 수, 즉 최외각 전자 수는 그 원소의 족을 가리킨다. 예를 들면 마그네슘은 3주기 원소이면서 최외각 전자를 2개 가지고 있다. 즉 3개의 전자껍질 중 가장 바깥쪽의 전자껍질에 2개의 전자를 가지고 있으므로 2족에 속한다. 결론적으로 마그네슘은 전자껍질이 3개 있으므로 3주기 원소이고, 최외각 전자가 2개 있으므로 2족에 속한다. 이런 까닭에 누구든지 원소의 주기율표를 보면 원소들의 화학적 성질을 예상할 수 있다.

연 대 기

1834	2월 8일, 시베리아 토볼스크에서 태어나다
1850~55	상트페테르부르크에 있는 중앙교육대학에 다니다
1856	〈물질의 구조와 조성의 관계에서의 화학 결정〉이라는 논문을 〈광업 학회〉지에 발표하고, 상트페테르부르크 대학에서 석사 학위를 받고 화학 강사가 되다
1859~60	로버트 분젠과 함께 독일 하이델베르크 대학에서 화학 연구를 다시 시작하다
1860	액체와 증기가 평형 상태로 공존하는 한계 온도를 발견하다
1861	상트페테르부르크 공과대학에서 공업화학 담당 교수가 되고, 《유기화학》을 출간하다
1865	상트페테르부르크 대학에서 화학박사 학위를 받다
1867~90	상트페테르부르크 대학에서 일반화학 교수로 근무하다
1868	화학 교과서 《화학의 원리》의 첫 권을 출간하고, 러시아 화학학회의 설립을 돕다

1870	《화학의 원리》의 두 번째 책을 출간하다
1871	러시아 화학학회지에 미발견 원소에 대한 예측을 발표하다
1875	멘델레예프가 예측한 첫 번째 미발견 원소인 갈륨이 프랑스 화학자에 의해 발견되다
1879	멘델레예프가 예측한 두 번째 미발견 원소인 스칸듐이 스웨덴 화학자에 의해 발견되다
1886	멘델레예프가 예측한 세 번째 미발견 원소인 게르마늄이 독일의 화학자에 의해 발견되다
1893~07	러시아 정부의 도량형국의 책임자로 일하다
1907	2월 2일, 상트페테르부르크에서 급성폐렴으로 세상을 떠나다
1956	그의 업적을 기리기 위해 101번째로 발견된 원소를 멘델레븀으로 명명하다

“

어빙 랭뮤어는
계면화학 분야에 대한
공로로 1932년
노벨 화학상을 받았다

”

화학으로 일상의 혁명을 이룬 화학자,

어빙 랭뮤어

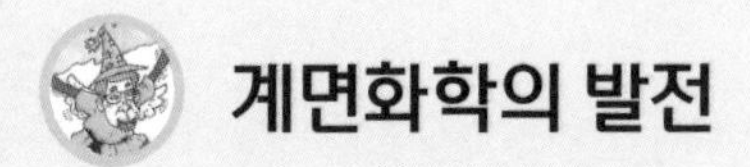

계면화학의 발전

오늘날 사람들은 잘 반사되지 않는 특수 유리로 된 안경을 쓴다. 전 세계의 모든 엄마는 아기들의 기저귀 땀띠에 글리세린이 함유된 연고를 발라 준다. 학생들은 아주 밝게 빛나는 전구 한 개로 6,000시간 동안이나 밝은 빛 아래에서 공부할 수 있다. 식기를 닦는 세제가 만들어진 이후, 프라이팬이나 접시를 닦는 일은 아주 쉬운 일이 되었다.

이 모든 일은 두 물질의 표면에서 일어나는 현상을 연구하는 계면화학 기술의 발전 덕분에 가능해진 것이다. 비록 다른 계열의 화학 분야만큼 많은 관심을 받지는 않지만 계면화학은 우리의 일상생활에서 날마다 쓰이고 있다.

1932년, 어빙 랭뮤어라는 산업 연구원은 계면화학 분야에 공헌한 업적으로 노벨상을 받았다. 전구화학으로 시작된 그의 연구는 원자과학과 대기과학으로 점점 영역을 넓혀 갔다. 랭뮤어는 과학적 정보를 이용하여 실용적인 물건을 만드는 데 대단한 재능을 가지고 있었다.

SHOW
H_2O
Li
CO_2
Ha
Ha
Ha
F
허걱!
화학을
가지고 논다.
헉!

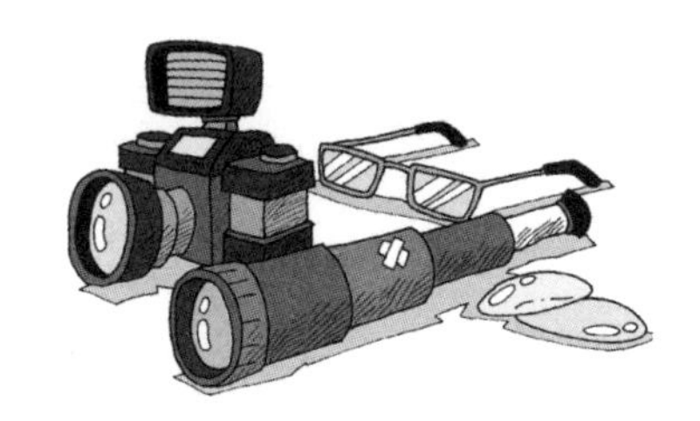

장래성

랭뮤어는 1881년 1월 31일, 뉴욕 브루클린에서 찰스와 새디 랭뮤어 사이에서 셋째로 태어났다. 뉴욕 생명보험회사의 이사였던 아버지가 자주 출장을 가야 했기 때문에 랭뮤어는 파리와 뉴욕으로 학교를 옮겨 다녔다. 랭뮤어는 딱딱한 학교생활을 싫어했다. 영리한 그는 학교에서 가르치는 것보다 더 많은 과학 지식을 갖고 있었다. 한 교사가 랭뮤어에게 로그와 삼각함수를 독학하라고 조언하자 6주 만에 혼자서 미적분학을 습득했다. 또 집에서 혼자 폭탄을 만드는 등 여러 가지 화학 실험을 즐겼다. 부모님은 그에게 실험 관찰 결과와 의문점, 떠오르는 아이디어 등을 날마다 기록하게 했다. 랭뮤어는 12세의 나이에 혼자서 알프스 산을 등반하기도 했다. 랭뮤어가 브루클린에 있는 프렛 고등학교를 졸업하던 해에 아버지가 세상을 떠났다. 얼마 후 랭뮤어는 콜롬비아 대학교에 입학했다.

랭뮤어는 콜롬비아에서 광산학을 전공으로 선택했다. 광산학을 전공하면 다른 학과에서 배우는 것보다 더 어려운 화학과 물리학,

수학 수업을 받을 수 있기 때문이었다. 1903년, 랭뮤어는 야금공학의 학사학위를 받았다. 콜롬비아 대학을 졸업한 후에는 독일의 괴팅겐 대학원에서 많은 것을 배우기로 했다. 독일에 있을 때 랭뮤어의 논문 지도 교수는 열역학 제3법칙을 발견한 유명한 화학자 발터 네른스트였다. 네른스트가 발견한 열역학 제3법칙은 한 성분의 완벽한 고체 결정의 엔트로피는 섭씨 0도에서 0이 된다는 것이다. 네른스트는 이 법칙을 발견한 공로로 1920년에 노벨 화학상을 받았다. 또 네른스트는 랭뮤어와 함께 전기 램프를 발명하기도 했다. 랭뮤어가 쓴 논문의 제목은 〈냉각 중에 해리되는 기체 분자의 부분적 재결합〉이었다. 1906년, 랭뮤어는 〈고온에서 이산화탄소와 수증기의 해리〉라는 논문을 썼으며, 그 후 고온에서 일어나는 화학반응과 저기압에서 일어나는 화학반응에 대해 연구하게 된다.

연구를 계속할 수 있는 자유

1906년, 물리화학 석사학위와 박사학위를 딴 랭뮤어는 뉴저지의 호보켄에 있는 스티븐 공과대학(현재 뉴저지 기술 연구소)의 화학교수로 초빙되었다. 랭뮤어는 가르치는 것을 매우 좋아했지만, 수업 준비와 실험 시간에 많은 시간을 투자해야 하기 때문에 자신의 실험에 몰두할 시간이 부족했다. 당시 그는 높은 온도의 용기를 통과하는 기체 분자에서 일어나는 화학반응 속도를 알아내는 실험을 하고 있었다. 1909년에는 뉴욕에 새로 만들어진 제너럴 일렉트릭 회사의 연구 실험실에서 일할 기회가 생겼다.

최초로 지어진 산업체 실험실은 아주 특별했다. 이 회사는 사업 목적에 상관없이 과학자들이 하고 싶은 모든 실험을 자유롭게 할 수 있도록 해주었다. 회사 대표인 윌리스 위트니 박사는 천재 과학자들을 초빙하기 위해 노력했으며, 특히 랭뮤어의 창의력과 비상함을 높이 인정해 랭뮤어에게 어떤 실험이든 자유롭게 할 수 있는 권리를 주었다.

랭뮤어는 제너럴 일렉트릭 회사에 자신이 많은 공헌을 하지 못했다고 느꼈지만, 위트니는 뛰어난 학자인 랭뮤어를 회사의 정규직으로 채용하고 싶어해 결국 40년 동안이나 이 회사 연구소의 책임자로 근무하게 되었다.

그의 첫 번째 연구는 박사학위 논문과 관련된, 전구의 수명을 늘리는 실험 연구였다.

당시에는 백열전구에 텅스텐으로 만든 필라멘트를 사용했는데, 텅스텐은 높은 온도의 뜨거운 열을 견딜 수 있으며, 밝은 빛을 낸다. 그런데 텅스텐 필라멘트는 토머스 에디슨이 발명한 탄소 필라멘트보다 훨씬 발전한 것이었지만, 오랫동안 뜨거운 열을 받으면 점점 약해지고 전구의 유리도 까맣게 탔다. 랭뮤어는 높은 열을 발생하는 필라멘트에 의해 발생되는 기체의 양을 측정해, 그 양이 필라멘트 부피의 7,000배라는 것을 알게 되었다. 좀더 관찰한 결과, 유리전구가 수증기를 방출한다는 사실도 알아냈다. 또한 진공 상태에서 높은 온도의 텅스텐 필라멘트가 점점 얇아지고 쉽게 끊어진다는 것을 알아냈다. 뜨거운 열로 인해 텅스텐 금속이 증기가 되어 날아가 버리는 것이다.

랭뮤어는 전구 속을 진공 상태로 두지 않고 적당한 기체를 넣어 보기로 했다. 텅스텐과 화학반응하지 않는 안정된 기체를 전구 속에 넣고, 필라멘트를 코일 모양으로 바꾸었더니 전구가 더 오래갔다. 이때 사용한 기체는 질소와 아르곤을 섞은 혼합 기체였다. 이 혼합 기체는 매우 안정된 성질을 갖고 있어서 높은 온도의 텅스텐에 반응하지 않았다. 결국 랭뮤어는 질소에 아르곤을 섞은 혼합 기체를 사용하면 전구의 효율성과 수명이 늘어나는 것을 알아냈으며, 1916년에 이 개선된 백열전구로 특허를 받았다.

이 연구를 하는 동안 랭뮤어는 수소 기체를 뜨거운 텅스텐에 불어넣으면 수소 분자가 원자 상태로 하나씩 분리된다는 것을 알게 되었다. 이렇게 원자 상태의 수소를 발견한 것은 뜨거운 열을 방출하는 수소 용접기를 발명하는 계기가 되었다. 이 용접기는 1934년에 특허를 받았다.

전구의 유리가 까맣게 타는 것은 진공 때문이라고 생각하던 과학자들의 연구는 자연스럽게 진공펌프에 대한 연구로 이어졌다. 1915년 랭뮤어는 기존 펌프보다 100배 더 센 수은 압축 펌프를 개발했다. 구운 유리로 만든 튜브를 넣은 이 펌프의 성능은 기존 펌프보다 훨씬 좋았다. 수은 압축 펌프로 대기압의 10억분의 1 정도의 압력을 만들 수 있었으며, 이는 라디오, 텔레비전, 사이클

로트론과 관련된 기술을 발전시키는 계기가 되었다.

1912년에 랭뮤어는 메리언 메르세류와 결혼했다. 그녀는 스키, 음악 등 랭뮤어와 같은 취미를 즐기면서 랭뮤어의 과학적 인생도 이해했고 딸과 아들을 입양하기도 했다. 랭뮤어는 바쁜 과학 연구원 생활 중에도 스키와 등산을 즐겼다. 또한 이웃 주민의 부탁으로 보이스카우트를 열기도 했다.

제1차 세계대전 때 미국은 랭뮤어를 음파 파동을 이용한 잠수함 탐지기 연구에 매진하도록 했다. 두 개의 리시버를 쓰면서 그 중 하나는 소리가 나는 방향을 추측하는 것이었다. 전쟁이 끝난 후, 랭뮤어는 런던에서 태어난 미국인 지휘자 레오폴드 스토코프스키와 함께 소리 녹음 실험을 계속했다.

원자 모형을 개선하다

1916년 미국의 화학자 길버트 루이스는 분자들의 구성 메커니즘을 주장했다. 그는 화학 결합이란 두 원자 간에 전자쌍을 공유하는 것이라고 정의했다. **공유결합**이라고 불리는 이 결합은 서로 연결되어 있는 원자들의 최외각 전자껍질에 각각 8개의 전자를 확보하고, 안정된 전자 배치를 갖기 위한 것이다. 반면에 **이온결합**에서는 전자를 공유하는 것이 아니라 금속 원자가 내놓은 전자

공유결합 두 원자가 각각 원자 가전자 한 개씩을 내고, 그 전자쌍을 함께 나누어 가지는 결합

이온결합 음이온과 양이온 간에 작용하는 인력에 의해 결합이 유지되는 것

를 비금속 원소가 받아들임으로써 결합이 이루어진다. 이와 같이 원소들 사이에 결합이 형성되는 것을 전자를 중심으로 간단하게 설명할 수 있는 방법을 루이스의 이름을 따 '**루이스 점 구조식**'이라 부른다.

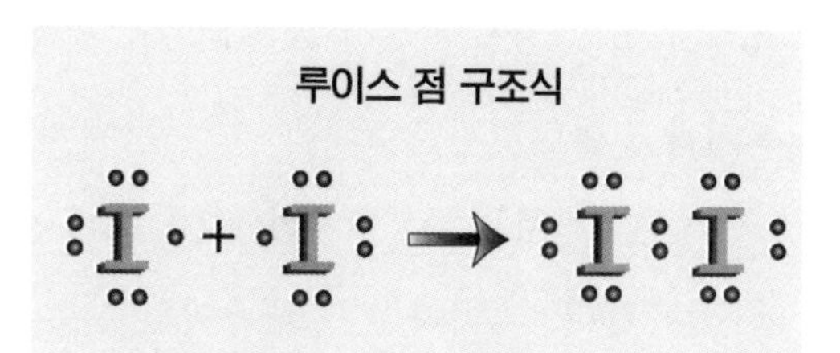

루이스 점 구조식은 공유결합을 나타내는 데 편리한 방법이다. 예를 들면, 2개의 요오드 원자로부터 각각 1개의 전자가 공유결합하여 요오드 분자를 형성하는 과정을 점 구조식으로 표현하면 그림과 같이 된다. 이때 각각의 요오드 원자는 8개의 최외각 전자를 갖게 된다.

루이스 점 구조식 원소 기호를 쓰고 그것의 주변에 원자가 전자를 점으로 나타내는 전자점식

이 방법으로 원자 사이의 구성을 표시하려면 먼저 각각의 원소 기호를 쓰고, 그 주위에 원자가 전자를 두 개씩 짝지어 표시한 후, 짝 짓지 못한 원자가 전자의 수만큼의 공유 전자쌍을 만들면 된다. 하지만 루이스는 당시 고정된 전자들이 큐빅 모양을 이룬다고 잘못 알고 있었다.

랭뮤어는 1919년에서 1921년 사이에 원자 구조에 대한 연구를 계속하면서 루이스의 이론을 보다 과학적으로 자세하게 수정했다. 그리고 원자의 양자역학 모델로 1922년 노벨 물리학상을 받은 덴마크의 물리학자 닐스 보어의 이론을 수정했다. 랭뮤어는 원자 내의 전자들이 원자핵을 중심으로 구형으로 모여 있으며, 모든 원자들은 최외각에 8개의 전자가 있을 때 가장 안정하다고 주장했다. 이때 최외각 전자 8개를 구성하려는 경향에 따라 각 원소들의 반

응성이 결정된다. 한동안 과학자들은 이 이론을 루이스-랭뮤어 이론이라고 불렀지만 루이스는 이 이론에 반대했다.

1919년 랭뮤어는 〈원자와 분자 내에서의 전자 배치〉라는 논문을 발표했다. 과학자들은 랭뮤어의 논문에 매우 큰 감동을 받았다. 발표하는 데 75분이나 걸리는 이 논문을 한 번 더 읽어달라고 했을 정도였다.

랭뮤어가 크게 기여한 또 한 분야는 열적 이온 방출에 관한 것이었다. 열적 이온은 가열되고 있는 금속으로부터 나오는 전자의 흐름이다. 텅스텐 필라멘트에 관한 연구에서 랭뮤어는 텅스텐이 녹을 때 나오는 전자의 방출 양이 예상했던 것보다 훨씬 적다는 것을 발견해진공 상태에서 전극 사이의 전류와 전압의 관계를 정리한 차일드-랭뮤어 공간 전하 방정식을 만들었다. 당시 클레멘트 덱스처 차일드(1868-1933)는 뉴욕의 콜게이트 대학의 물리학자였다. 공간 전하는 전극 사이에서 전기를 띤 입자들이 구름처럼 모여 있는 것으로, 가끔씩 비정상적으로 높은 열적 이온 방출 현상이 관찰되는 이유를 아무도 알지 못했다. 랭뮤어는 필라멘트에 첨가된 산화토륨이 이 현상과 관계가 있다고 생각했다. 그는 계속해서 세슘을 텅스텐 필라멘트가 있는 진공 튜브 안에 넣은 후 어떤 현상이 일어나는지 관찰했다. 텅스텐 필라멘트는 산화되고 세슘 원소가 필라멘트로부터 나오는 수증기에 흡수되면서 매우 높은 열적 이온을 방출해 냈다. 랭뮤어는 필라멘트가 높은 온도에서 세슘의 전자를 빼앗고 양의 전기를 발생하는 것도 알아냈다.

랭뮤어는 자신이 플라즈마라고 이름 붙인 전기로 충전된 불안전한 기체를 최초로 연구했다. 또 전자 온도와 이온의 밀도를 측정하는 특별한 장치를 발명하기도 했다. 그가 발견한 플라즈마는 나중에 핵반응과 천체물리학 발전에 많은 기여를 하게 된다.

계면화학의 발전과 노벨상

랭뮤어가 화학 분야에 종사하면서 가장 오랫동안 연구한 분야는 계면화학이었다. 계면화학은 성분이 서로 다른 두 물질의 경계면에서 작용하는 화학적 반응을 연구하는 분야이다.

랭뮤어는 한 물질의 표면을 그 물질의 끝이라고 보기보다는 다른 물질과의 경계로 보았다. 랭뮤어는 기름이 물과 섞이지 않기 때문에 어느 정도 번져나가다가 기름의 끈끈한 성질 때문에 멈출 것으로 예상했다. 그리고 물 위에 떠 있는 기름막이 일정한 두께를 안정적으로 유지할 때까지 번져나가는 힘과 분자의 크기를 측정하는 방법을 알아냈다. 랭뮤어는 물과 기름의 경계면에서 물 쪽으로 스며든 기름은 막을 형성하기보다는 작은 방울 상태로 되어 있으며, 이 작은 방울 상태의 기름 분자가 물 분자를 일으켜 세운다고 생각했다. 사용한 기름은 스테아르산이었는데, 스테아르산은 카르복시기를 가지고 있는 **탄화수소**이다. 스테아르산을 연구

탄화수소 설탕, 녹말 등과 같이 탄소와 수소로 이루어진 탄화수소 화합물

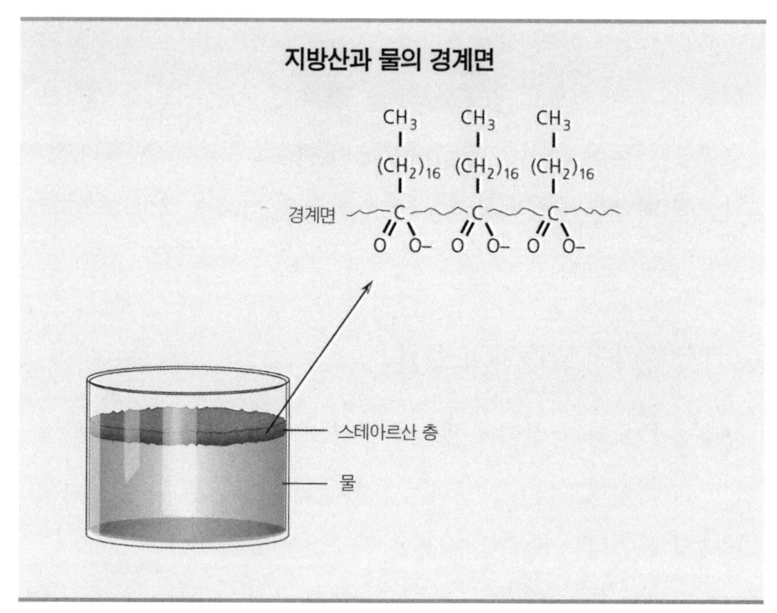

스테아르산과 같은 지방산을 물과 섞으면 스테아르산 분자에 있는 친수성기(카르복시기)는 물 분자를 향해 배열되고, 탄소가 길게 연결된 소수성기는 그 반대쪽을 향한다.

한 랭뮤어는 스테아르산 분자에 있는 카르복시기는 친수성이므로 물 분자와 잘 섞이고, 탄소가 길게 연결되어 있는 소수성기는 물과 잘 섞이지 않는다는 것을 알았다. 즉, 랭뮤어는 카르복시기에 있는 이중 결합이 물 분자와 잘 결합하는 친화도 때문에 불포화지방산이 물에 더 잘 섞인다는 것을 증명했다.

분자가 표면에서 흡수되지 않고 달라붙는 흡착 현상을 연구했던 그는 기체가 가끔 고체나 액체의 표면에 한 층의 막으로

친수성 물 분자를 좋아하는 성질, 즉 물과 잘 섞이는 성질

소수성 물 분자를 좋아하지 않는 성질, 즉 물과 잘 섞이지 않는 성질

흡착 분자들이 표면에서 서로 달라붙은 현상

붙어 있는 것을 발견했다. 랭뮤어는 새로운 연구법을 개발하기 위해 흡착성 물질의 성질과 반응을 연구하기 시작했다. 파트너인 블로젯이 연구를 도와 흡수되는 막을 관찰하면서 새로운 방법으로 계면화학을 개척하였다. 랭뮤어와 블로젯은 생물학적 과정에서 중요한 역할을 하는 한 개의 원자 혹은 분자의 두께, 즉 단일 막의 두께에 대해 연구했다. 그들은 얇은 금속박을 스테아르산에 넣었다 뺐다 하면서 금속박의 표면에 스테아르산 단층 막을 씌우는데 성공했다. 스테아르산의 단일 막은 친수성기가 금속면을 향하고 소수성기가 반대쪽, 즉 외부를 향해 배열되어 있다. 단일 막에 다시 한 층의 스테아르산의 막을 더하는 데도 성공한 그들은 친수성기와 소수성기가 서로 섞이지 않고 층층이 쌓이는 현상을 관찰할 수 있었다. 이 방법을 이용하여 랭뮤어와 블로젯은 유리 표면에 막을 씌우는 연구를 통해 반사되지도 않고 비치지도 않는 유리의 발명을 이끌어낼 수 있었다.

랭뮤어는 산업 분야에 관련된 여러 개의 발견과 연구 업적으로 1932년에 노벨 화학상을 받았는데, 산업 연구원으로서는 최초로 노벨상을 받은 사례가 되었다.

날씨 조정하기

제2차 세계대전 중, 군 수뇌부는 다시 한 번 랭뮤어에게 조언을 구했다. 랭뮤어는 조수 빈센트 쉐퍼와 동료 버나드 보네거트와 함께 연막탄을 발명하기 시작했다. 하지만 이 실험은 랭뮤어가 대장암에 걸리면서 연기되었다. 랭뮤어는 두 번의 수술을 받고 완벽하게 나온 뒤 연구를 계속 진행해, 랭뮤어 연구팀은 빛을 흩어지게 하는 계산법을 구한 후 연기 뒤에 숨어 있는 군인들의 움직임이 보이지 않도록 만들었다. 군대에서는 이 연막탄을 사용하는 장치를 만들어 유럽과 모든 전쟁터에서 쓰도록 했는데, 이 장치는 종전에 사용하던 것보다 100배나 컸다. 또 그는 기체 마스크 필터와 비행기의 얼음을 녹이는 장치를 개발하기도 했다.

1930년 후반부터 세상을 떠날 때까지 랭뮤어는 대기학과 기상학에 관심을 갖고 연구하였다. 1930년에 비행기 조종법을 배우면서 구름에 대해 많은 관심을 갖게 된 것이 계기였다. 이 연구는 실험실 안에 천으로 덮은 박스를 이용해 진행했다. 박스 안의 온도는 영하 이하로 유지되었고, 숨을 내쉬면 입김이 날 정도였다.

7월의 어느 무더운 날, 박스 안의 온도를 영하로 유지하기 위해 조수 쉐퍼가 드라이아이스를 넣자 순식간에 박스는 얼음 결정으로 가득 차 버렸다. 다른 차가운 물질을 넣었을 때도 비슷한 현상이 일어났다.

1946년에는 야외에서 비슷한 실험을 했다. 야외 실험은 비행기에서 이루어졌는데, 쉐퍼가 2.7킬로그램의 잘게 깬 고체 결정을 구름 속에 뿌리자 6.4미터 길이의 구름이 모두 눈덩이가 되고 말았다.

1940년과 1952년 사이에 랭뮤어는 육군, 해군, 공군 합동 프로젝트였던 시러스 프로젝트의 책임자로 일했다. 그는 쉐퍼와 함께 드라이아이스와 요오드화은을 구름 속에 뿌려 인공 비와 인공 눈을 만드는 방법을 발견했다. 고체 결정들을 구름 속에 뿌리는

이 방법은 연쇄 응축 반응을 일으키지만 이 실험은 그다지 성공적이지 못했다. 실험을 하려면 구름 위로 날아가야만 해 그들은 보네거트의 주장대로 드라이아이스와 비슷한 요오드화은을 땅 위에 뿌려 보기로 했다. 그 결과, 드라이아이스를 구름 위에 뿌리는 것보다 훨씬 좋은 결과를 얻을 수 있었다.

1949년과 1952년 사이, 랭뮤어는 정기적으로 뉴멕시코에서 구름 속 결정 실험을 하고, 시간 간격을 맞춰 비가 내리는 것을 측정했다. 그리고 뉴멕시코 지역에서 행해진 자신의 기상 변화 실험이 오하이오 계곡의 기상 현상에 영향을 준다고 주장했다. 미국 기상학회에서는 그의 주장을 받아들이기를 주저했지만, 이는 인공적으로 기상을 조절하는 일의 시초가 되었다.

1950년 랭뮤어는 연구소를 은퇴했지만, 컨설팅과 연구는 계속되었다. 1950년에는 자신의 논문 20개를 모은《현상, 원자 그리고 분자》라는 논문집을 출간했다. 그 후 몇 차례의 심장마비가 오더니 1957년 8월, 매사추세츠 팔마우스에서 사망했다.

살아 있는 동안 랭뮤어는 1915년에 저기압에서의 화학반응에 대한 연구로 미국 화학학회로부터 니콜스 메달을 받았고, 1918년 분자물리학 연구로 왕립학회로부터 휴 메달을 받았다. 1920년에는 기체를 충전한 전구 개발과 열적 이온 방출에 관한 연구 등 원자 구조 분야에 공헌한 업적으로 미국 화학학회의 니콜스 메달을 두 번째 받게 되었다. 1925년에는 로마 왕립학회의 캇니차로 상, 1928년에는 미국 화학 산업학회의 퍼킨스 상, 1930년에는 미국 콜롬비아 대학의 캔들러 메달, 미국 화학학회의 윌러드 깁스 메달, 1932년에는 월간 〈대중 과학〉지에서 수여하는 메달, 1934년에는 플랭크린 대학의 메달 등 수많은 상을 받았다. 또 1938년에는 런던 화학학회의 패러데이 메달, 1944년에는 영국 전기 기계 연구소의 메달, 1950년에는 프랑스 전기학회의 마스카 메달을 받았다. 랭뮤어는 모두 15개의 박사학위를 받았으며, 국립 과학학회의 회원, 런던 왕립학회와 런던 화학학회의 국제 회원이기도 했다. 1929년에는 미국 화학학회의 회장을 지냈고, 1941년에는 미국 과학진흥회 회장을 맡기도 했다. 랭뮤어는 200편이 넘는 연구 보고서를 썼으며, 63개의 특허를 취득했다.

랭뮤어의 풍부한 정신적인 에너지는 여러 화학 분야에서 많은 발견을 하는 데 도움이 되었다. 그는 최소한 7개의 화학 분야에서 큰 공을 세웠다. 그 분야는 다음과 같다.

저기압과 고열에서의 화학반응, 기체에 대한 열의 영향, 원자 구조, 진공 상태에서 열적 이온 방출과 표면, 고체 액체와 표면 막에서의 화학적 힘, 기체 분자의 전기적 현상, 대기과학 등이다.

그가 발견한 진공 상태의 전자관은 전기 기술을 발전시켰으며, 기체를 넣은 백열전구의 발명은 소비자들에게 수백만 달러의 전기 요금을 절약할 수 있도록 해주었다. 랭뮤어는 항상 열심히 일하는 과학자였으며, 아이들과 야외 활동을 매우 좋아하는 사람이기도 했다. 랭뮤어는 자신의 경험과 지식을 남과 나누면서 항상 기쁨을 느꼈다.

캐서린 버르 블로젯

캐서린 버르 블로젯은 여성 최초로 제너럴 일렉트릭 회사의 연구원이 된 과학자이다. 그녀는 랭뮤어 밑에서 랭뮤어와 함께 연구했다. 오늘날 랭뮤어-블로젯 기술이라 부르는 것은 두 사람의 이름을 딴 것이다. 그녀가 만든 유명한 유리는 지금도 널리 쓰이고 있다.

그녀는 펜실베이니아의 브라이언 모우 대학에 다닐 때 항상 공부를 더하라고 독려하던 아버지를 통해 랭뮤어를 만났다. 1918년에 시카고 대학에서 〈활성탄의 기체 흡수에 관한 연구〉로 석사학위를 딴 그녀는 제너럴 일렉트릭에 입사해 전구의 텅스텐 필라멘트를 개선하는 연구에 참여하게 되었다. 6년 후, 그녀는 박사 과정을 밟으라는 랭뮤어의 권유에 따라 노벨상을 받은 러더퍼드와 함께 공부하게 되었다. 러더퍼드는 원소 분해와 방사능 물질에 관한 연구로 1908년에 노벨상을 탄 과학자이다. 드디어 1926년에 블로젯은 여성 최초로 케임브리지에서 물리학박사 학위를 따게 되었다.

1938년, 블로젯은 랭뮤어와 함께 단일 분자 막에 관한 연구를 하기 위해 제너럴 일렉트릭 연구소로 돌아온다. 그녀는 성공적으로 44개의 막을 덮어씌운 반사되지 않고 비치지 않는 유리를 발명한다. 이런 종류의 유리는 카메라와 망원경, 안경, 자동차 유리 등에 쓰인다. 그녀는 각막에 비치는 색깔로 막의 두께를 측정하는 방법을 개발하였는데, 이 기술을 포함하여 무려 여섯 개의 특허품을 발명했다. 오늘날 이 분야의 기술을 랭뮤어-블로젯 기술이라 부른다.

또한 군대에서 사용하는 연막탄과 대기의 습기를 측정하는 풍선을 개발하기도 했다. 블로젯은 몇 개의 박사학위를 받았으며, 여성 최초로 미국 화학학회로부터 메달을 받기도 했다.

연 대 기

1881	1월 31일, 뉴욕 브루클린에서 태어나다
1903	콜롬비아 대학에서 야금공학 학사학위를 받다
1906	독일 괴팅겐 대학에서 물리화학 분야 석사학위와 박사학위를 받다
1906~09	뉴저지의 호보켄에 있는 스티븐 공과대학에서 화학을 가르치다
1909	제너럴 일렉트릭 연구소에 입사하여 40년 간 연구원으로 일하다 책임자가 되다. 전구를 개선하는 연구를 시작하다
1915	고속수은압축 진공펌프를 발명하다
1917	미국 정부의 잠수함 연구에 참여하다
1919	미국 물리학회지에 〈원자와 분자 내에서의 전자 배치〉라는 논문을 발표하다
1932	계면화학 분야에 대한 연구 업적으로 미국인 최초로 노벨 화학상을 받다
1946	인공비와 인공눈을 만들기 위해 냉각된 구름에 응결핵을 뿌리는 실험을 하다
1950	자신의 논문 20개를 모은 《현상, 원자 그리고 분자》라는 논문집을 출간하다
1957	8월 16일, 매사추세츠 팔마우스에서 심장마비로 세상을 떠나다

피셔는 하이드라진 유도체,
푸린, 당, 아미노산,
단백질, 효소 등을
연구하면서 유기화학 분야에
수많은 업적을 쌓았다

유기화학의 선구자,

에밀 헤르만 피셔

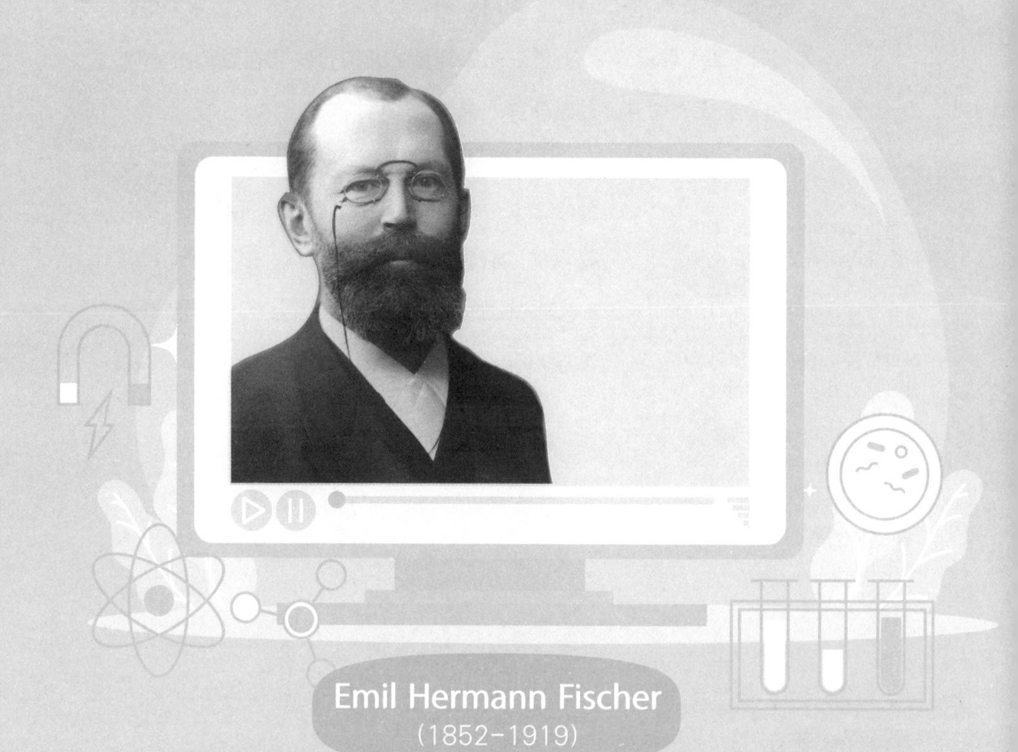

Emil Hermann Fischer
(1852-1919)

푸린과 당 합성 및 효소 작용의 메커니즘

두 아이에게 각각 막대기와 여러 가지 모양의 블록이 들어 있는 상자를 주면 아이들은 막대기와 블록으로 몇 가지 구조를 만들 수 있다. 같은 모양, 같은 개수의 블록을 받았어도 만든 구조물은 서로 다를 것이다. 장갑 한 짝마다 손바닥, 손등 그리고 4개의 손가락 모양과 1개의 엄지손가락 모양이 있지만, 오른쪽에 끼는 것과 왼쪽에 끼는 것은 서로 달라서 겹쳐지지 않는다. 물질의 이와 같은 구조적인 차이는 유기화학에서도 나타난다.

독일의 화학자 에밀 헤르만 피셔는 역사상 가장 융통성 있는 유기화학자였다. 그는 유기 염료를 연구하고 페닐 히드라진을 발견했으며, 카페인 화합물을 합성하고 설탕과 푸린을 연구했다.

피셔는 분자 내에서 원자의 위치뿐만 아니라 방향성도 중요하다고 주장한 최초의 유기화학자이다. 이미 훌륭한 화학자로 알려져 있던 그는 아미노산과 효소의 작용에 대한 업적으로 펩티드화학의 창시자, 생화학의 개척자로 칭송받았다.

푸린 피리미딘 고리와 이미다졸 고리의 축합 고리로 이루어진 헤테로고리 화합물로 핵산의 구성 물질이다.

아미노산 단백질을 이루는 20개의 유기 분자 중의 하나

효소 생체 내 화학반응을 촉진하는 단백질 분자

생화학 생물체 내에서 일어나는 화학반응 과정을 다루는 화학의 분야

같은 것 같기도 하고
아닌 것 같기도 하고
…….
??
Ha
Ha
조심해…….
으~~~~

과학을 선택한 피셔

피셔는 1852년 10월 9일, 독일 오이스키르헨에서 로렌츠와 줄리에 사이에서 장남으로 태어났다. 여섯 형제 중 맏이였던 그는 과외 교사를 하면서 학업을 시작해 오이스키르헨, 본 등의 지역 학교를 다녔으며, 1869년에는 최우수 학생으로 학교를 졸업했다.

목재 상인이던 아버지는 피셔가 가업을 이어받기를 바랐지만, 사업에는 재능이 없다는 것을 알고 1871년, 독일의 화학자 케쿨레가 가르치는 본 대학에서 물리학 공부를 계속하도록 허락했다.

그 후 피셔는 사촌 형제인 오토 피셔의 권유로 새로 생긴 슈트라스부르크 대학으로 옮겨 아돌프 폰 바이어의 제자가 되어 공부하면서 화학 분야의 학위를 받았다.

한 화학자의 움직임

피셔는 1874년 슈트라스부르크 대학에서 프탈레인이 플루오레

세인과 오르신-프탈레인을 염색하는 데 대한 논문으로 박사학위를 받았다. 그는 1875년 바이어 교수 밑에서 조교로 일하다가 그를 따라 뮌헨 대학으로 자리를 옮겼다.

뮌헨 대학에서는 1878년에는 무급 강사로 강의를 맡았으며, 1879년에는 분석화학 조교수로 일게 되었다. 1881년, 에를랑겐 대학이 피셔를 화학 교수로 임명함에 따라 그는 다시 이사를 했다. 1888년에는 뷔르츠부르크 대학의 화학 교수로, 1892년에는 베를린 대학 학과장으로 임명되었다. 그 후 피셔는 죽을 때까지 베를린에 머물렀다. 그의 업적은 시대별로 보기보다는 분야별로 보는 것이 더 효과적이다.

분석화학 화학의 한 분야. 물질의 성분과 조성 비율을 분석하는 분야

피셔는 1888년에 아그네스와 결혼했지만, 7년만에 아그네스는 세상을 떠났고 그의 세 아들 중 첫째는 제1차 세계대전에서 사망했으며, 둘째는 자살했다. 셋째아들 오토 피셔는 미국의 버클리 대학의 유명한 생화학 교수가 되었다.

초기의 발견

피셔는 슈트라스부르크 대학에서 히드라진 유도체를 연구했는데, '히드라진'이라는 이름은 그가 붙인 이름이다. 히드라진은 두 개의 질소 원자에 각각 두 개의 수소 원자가 결합해 있는 무기 화합물 분자이다. 피셔의 스승이었던 케쿨레는 두 개의 질소 원자

사이에 이중 결합이 있는 다이아조 화합물을 제안한 적이 있었는데, 피셔가 스승인 케쿨레의 주장을 확인하는 실험을 하다가 페닐히드라진을 발견한 것이다. 페닐히드라진은 히드라진 분자에 페닐기가 붙은 화합물인데, 살충제, 제약, 염색약 등에 쓰였으며, 이 화합물의 발견으로 많은 종류의 약 혼합이 잇달았다. 피셔 히드라진 혼합은 그의 이름을 딴 것이다. 피셔는 페닐히드라진을 산업적으로 응용하는 연구를 계속했으며, 특히 설탕을 정제하거나 설탕의 이성질체를 분리하는 데 이 화합물을 이용하였다. 이성질체란 분자식은 서로 같으나 분자의 모양, 즉 구조가 서로 다른 화합물을 가리킨다.

피셔는 뮌헨에서 사촌 형제인 오토와 함께 트리페닐메탄에서 유도된 염료 합성 실험을 해 트리페닐메탄의 트리아민의 유도체인 로자닐린과 파라로자닐린의 구조를 알아냈다.

카페인과 바르비투르산염의 공통점

피셔는 에를랑겐에서 요산, 그리고 차와 커피에서 추출할 수 있는 자극제인 카페인과 테오브로민을 연구하기 시작했다. 이것은 30년 동안 쌓아온 분자 구조 연구를 모두 포함하고 있다. 페닐히드라진을 포함하고 있는 요산, 카페인과 같은 분자들의 구조로, 피셔는 $C_5N_4H_4$ 형태의 그것을 '푸린'이라고 불렀다. 푸린은 질소 원자가 포함된 두 개의 고리 모양을 하고 있으며, 히드록시기나

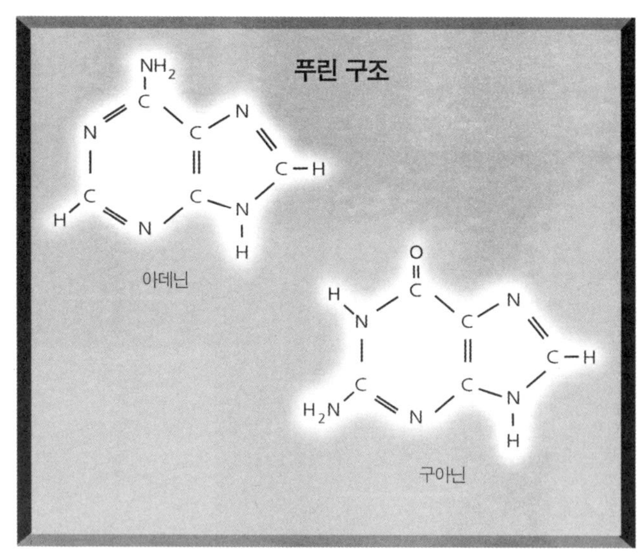

아데닌과 구아닌은 푸린 화합물이다. 모든 푸린은 탄소 원자와 질소 원자가 섞여 있는 고리 모양 구조를 가지고 있다.

아미노기와 같은 작용기가 다른 쪽에 붙으면 다른 성질을 가진 분자로 변한다.

1898년에 피셔는 다른 원자가 포함된 고리 모양 구조를 합성했다. 가장 많이 이야기되는 푸린염기는 아데닌과 구아닌인데, 아데닌과 구아닌은 뉴클레오티드, 핵산, DNA의 구성 요소로 알려져 있다. 피셔는 분자의 구조에 대한 케쿨레의 원리를 이용하여 많은 실험과 연구를 했다. 1881년부터 1914년까지 푸린을 연구했으며, 최초로 뉴클레오티드를 합성하는 데 성공했다. 최초로 합성된 뉴클레오티드는 테오필린-디-글루코사이드이다. 이 화합물은 목구멍의 기도를 열고 모든 근육을 풀어주는 데 효과가 있으며 천식 치료에 쓰인다. 피셔는 모두 130여 개의 푸린 화합물을 합성하는데 성공했다.

산업계에서는 피셔가 카페인, 테오필린, 테오브로민을 합성하기 위해 푸린을 연구하면서 개발한 방법을 받아들였다. 또한 산업계는 피셔가 연구하고 있는 '바르비투르' 푸린이 중추 신경계에 작용한다는 사실을 알아냈다. 1903년, 피셔는 진정제와 수면제에 쓰이는 5.5-디에틸-바르비투르산을 합성했으며, 1912년에는 같은 용도로 쓰이면서도 조금 약한 페놀바르비탈을 만들었다.

당류의 차이점

피셔의 가장 중요한 업적 중 하나는 포도당, **과당**, **만노오스** 등 당류 분자의 구조적 특징을 알아내고 **글리세롤**로부터 이 물질들을 합성한 것이다. 가장 일반적인 당류는 6개의 탄소 원자가 있으며, 각 탄소 원자는 1개의 산소 원자에 연결되어 있고, 탄소의 원자가를 맞추기 위한 나머지 결합에는 모두 수소 원자가 붙어 있다.

과당 6개의 탄소로 이루어진 단당류 물질

만노오스 육탄당, 즉 탄소가 여섯 개인 단당류의 일종

글리세롤 동식물의 기름이나 지방에서 얻은 무색의 액체

피셔가 발견한 구조적 차이는 그다지 크지는 않지만, 이 물질들은 생물학적으로 상당히 큰 차이점을 가지고 있다. 피셔가 그 전에 발견한 페닐히드라진 분자의 모양은 당류 분자들의 구조를 구

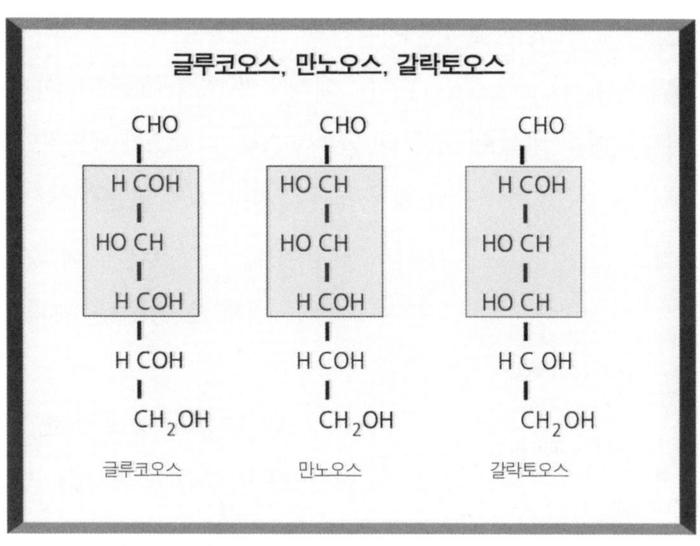

글루코오스, 만노오스, 갈락토오스 등의 당류는 구조가 매우 비슷하지만 확실하게 구별되는 화합물이다. 그것들은 단 한 개의 탄소 원자 주위에서 구조상의 차이를 보인다. 글루코오스와 만노오스, 글루코오스와 갈락토오스는 각각 에피머(탄소 사슬의 끝에서 두 번째 탄소 원자에 붙어 있는 수소 원자(H)와 히드록시기(OH)가 서로 반대로 붙어 있는 이성질체이다. 또 이 세 가지 화합물은 서로 디아스테레오머(편좌우 이성질체, 분자 전체가 아니라 분자 내의 일정 부분만 거울상 이성질체인 것)이다.

별하는 데 상당히 도움이 되었다. 피셔는 당류 분자의 입체화학적 성질, 분자를 구성하는 원자들의 삼차원 공간 배치를 알아냈다. 그리고 글루코오스 분자가 가질 수 있는 모든 구조를 예언했다. 입체 이성질체란 전체 분자의 모양은 같지만 원자가 연결된 순서가 조금 다른 분자들을 가리키는 말이다. 광학 이성질체 혹은 거울상 이성질체는 입체 이성질체의 한 종류인데, 분자 구조가 서로 좌우대칭 모양을 이룰 때를 가리

> **글루코오스** 6개의 탄소로 이루어진 단당으로 혈액에 있는 가장 보편적인 당의 형태

킨다. 즉, 서로 좌우대칭형 분자를 가리키며, 마치 장갑의 왼쪽과 오른쪽의 관계와 같다. 디아스테레오머는 좌우대칭이 아닌 입체 이성질체를 말한다. 당류와 만노오스는 디아스테레오머인데, 이 두 분자는 두 번째 탄소에서 좌우대칭이 되지 않는다. 이와 같이 분자 내의 어느 한 부분에서 대칭이 이루어지지 않는 특별한 경우를 에피머라고 한다.

에피머 탄화수소 화합물에서 수소(H)와 수산기(OH)가 서로 반대로 붙어 있는 이성질체를 가리키는 말

단백질 아미노산이 펩티드 결합으로 중합된 고분자 물질로 세포의 주요한 구성 성분이다.

피셔는 푸린 합성과 당에 대한 연구로 1902년 노벨 화학상을 받았다. 당시 그는 똑같은 방식으로 단백질 연구를 시작해 1909년에는 단백질과 당에 관한 연구로 베를린 왕립 과학학회로부터 메달을 받았다.

아미노산과 단백질

피셔는 1899년부터 1908년까지 단백질 연구에 몰두했다. 각각의 아미노산을 정제하고 그 특성을 확인하는 실험을 하는 동안 데오도르 컬티우스가 1883년에 개발한 아미노산 분리 기술을 사용했다. 피셔는 아미노산의 에스테르를 만들어서 그것을 증류하여 분리해냈다. 그리고 이 방법으로 아미노산 발린, 시클로 아미노산 프롤린, 하이드록시 프롤린을 발견했다. 1901년과 1902년에는 아미노산 오르니틴과 세린을 합성했고, 1908년에는 세 번

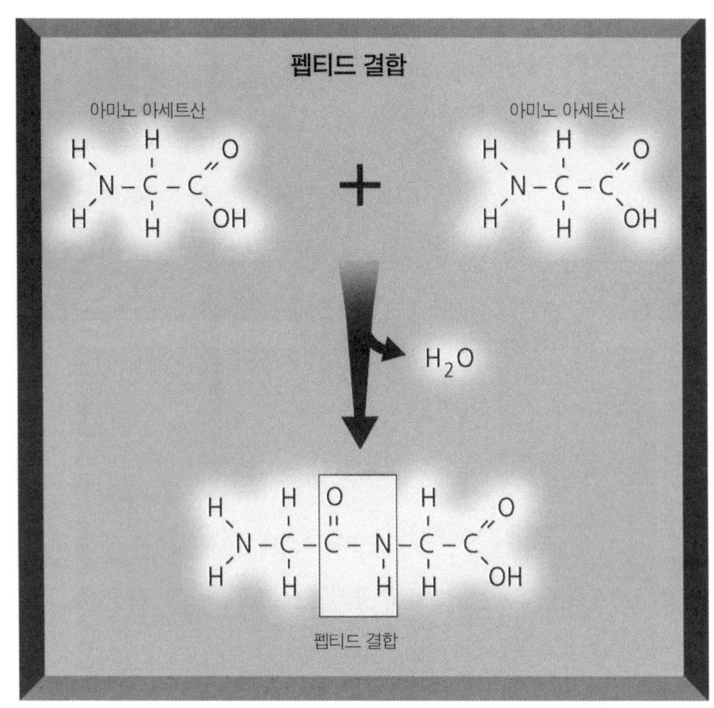

아미노산 분자의 카르복시기에 있는 탄소 원자가 그 옆에 있는 아미노산 분자의 질소 원자와 공유결합하면 한 개의 물 분자가 나오면서 펩티드 결합이 만들어진다.

째로 시스테인을 합성했다.

피셔는 단백질 합성을 연구하고 두 아미노산 사이의 아미드 결합을 **펩티드 결합**이라고 이름 붙였다. 그는 광학적으로 순수한 아미노산 분자로 글리신-글리신 디펩티드 결합을 만들어 두 개의 글리신 분자를 연결할 수 있었다. 또 아미노산이나 아미노산 분자에 있는 카

펩티드 결합 두 분자의 아미노산을 연결해주는 결합. 즉, 2개의 아미노산 사이에서 한쪽 카르복시기와 다른 쪽 아미노기가 탈수 축합하여 생기는 결합으로 아미드 결합이라고도 한다.

르보닐기를 이용하여 몇 개의 아미노산 분자를 연결할 수도 있었으며, 결국에는 15개의 글리신과 3개의 로이신 아미노산을 합성했다. 피셔가 합성한 폴리펩티드 등의 물질은 단백질과 비슷한 성질을 보였다. 이 업적으로 피셔는 펩티드화학의 창시자로 불린다.

폴리펩티드 아미노산 분자가 많이 중합되어 있는 물질, 즉 아미노산 중합체

자물쇠와 열쇠

효소는 생물학적 촉매이다. 촉매는 생체 내 화학반응의 속도를 100만 배나 더 빠르게 해주지만, 촉매 물질 자신은 소모되지 않는다. 생체 내에서 촉매 작용을 하는 효소는 분자들의 특정 부분을 끌어당겨 자연적으로 화학반응을 일으키지만, 각각의 효소는 특정 반응에서만 작용하며, 그 외의 다른 반응에는 전혀 관여하지 않는다. 효소는 **기질** 분자들을 모양에 따라 분류하고, 분자 사이에 아주 작은 차이도 민감하게 알아낼 수 있기 때문이다.

기질 화학반응에 참여하는 물질

피셔는 단세포인 누룩을 이용해 설탕이 발효될 때 일어나는 효소 반응을 연구했다. 발효는 산소가 없는 상태에서 설탕이나 다른 유기 분자들을 분해하는 과정을 말한다. 피셔는 효소와 그 효소가 작용하는 기질 분자마다 특별한 모양을 갖는다는 사실을 알게 되었으며, 1894년에 '열쇠와 자물쇠'라는 모델을 제안했다. 열쇠는

열쇠의 모양에 맞는 자물쇠만 열 수 있는 것처럼, 효소는 특정 기질 분자에서만 촉매 작용을 일으킨다. 예를 들면 글루코오스 발효 반응에서 촉매 역할을 하는 효소는 글루코오스 분자에서만 작용할 뿐, 글루코오스와 비슷한 모양을 가진 만노오스 분자에서는 작용을 하지 않는 것이다.

유능한 유기화학자의 죽음

제1차 세계대전이 일어나기 전, 피셔는 채소에서 추출한 타닌산을 연구하고 있었다. 전쟁 중에는 화학 자원과 화학적 발명품을 유기적으로 조직하고, 폭약이나 식품에 쓰이는 화학 약품 생산을 관리하였다. 그는 또한 버터의 대용품인 마가린을 만들었다.

1919년, 피셔는 베를린에서 눈을 감았다. 몇몇 사람은 그가 사망한 이유가 암 때문이라고 했고, 또 몇몇 사람은 그가 자살했다고 믿었다. 화학학회는 그를 기리는 메달을 수여했다. 살아 있는 동안 피셔는 케임브리지 대학에서 박사학위를 받기도 했다.

학자인 그의 연구와 발견은 산업 발전에도 크게 기여했다. 피셔는 유기화학 분야에서 많은 공을 세웠으며, 당, 푸린, 단백질, 효소에 관한 많은 연구 끝에 최초로 이 분자들을 결합하는 데 성공했고, 유기화학 결합의 거장으로서 1902년 노벨상을 받을 만한 훌륭한 과학자였다.

케쿨레와 벤젠

독일의 화학자 프리드리히 아우구스트 케쿨레는 1867년부터 1896년까지 본 대학교 교수로 일했다. 19세기 중반 화학자들은 분자를 분석하는 동안에 변형이 일어날 수 있으므로 분자의 구조를 정확하게 결정할 수는 없다는 데 의문을 품고 있었다. 케쿨레는 유능한 실험자는 아니었지만, 분자의 구조를 결정하는 데 영향을 주었다. 그는 버스에서 낮잠을 자다가 꿈에서 원자들이 각각의 성질에 맞게 정렬되어 있는 것을 보았던 것이다. 이 꿈은 분자 구조를 결정하는 이론을 만드는 데 자극이 되었으며, 1858년에는 〈화합물의 형성과 변형 및 탄소의 화학적 성질〉이라는 논문에서 탄소 원자가 또 다른 탄소 원자와 이어져 사슬처럼 엮이는 구조를 보여주었다. 그는 탄소 원자가 다른 원자와 결합할 때는 언제나 4곳에서 화학적 결합을 한다고 주장했는데, 이 생각은 유기화학에서 화합물의 구조를 알아내는 토대가 되었다.

케쿨레는 **벤젠**의 구조를 밝힌 업적으로 가장 유명하다. 안정된 구조를 가진 벤젠은 육각형 모양에 단일 결합과 이중 결합의 중간 정도에 해당하는 결합 길이를 가진 특별한 결합으로 되어 있다. 당시 화학자들은 벤젠 분자가 6개의 탄소와 6개의 수소 원자로 이루어져 있다고 믿었으나, 벤젠의 분자 구조를 도저히 알아낼 수 없었다. 수수께끼 같았던 벤젠의 분자 구조를 케쿨레의 꿈에서 얻은 힌트로 알아내게 된 것이다. 케쿨레는 탄소 원자가 반지 모양으로 연결되어 있으며, 탄소 원자 간의 결합은 단일 결합과 이중 결합이 모두 관련되어 있다고 확신했다. 모든 탄소 원자는 각각 4개의 결합을 할 수 있으며, 벤젠에는 모두 6개의 탄소 원자와 6개의 수소 원자가 들어 있다. 그러므로 1개의 수소 원자는 1개의 탄소 원자와 결합해야 하며, 그렇게 되기 위해서는 탄소 원자 간의 결합에는 단일 결합과 이중 결합이 모두 관련되어야만 했다.

벤젠 benzene. 분자식 C_6H_6
고리 모양 탄화수소 화합물

연 대 기

1852	10월 9일, 독일 오이스키르헨에서 태어나다
1871	화학을 공부하기 위해 본 대학교에 입학하다
1872	슈트라스부르크 대학으로 옮겨 공부를 계속하다
1874	슈트라스부르크 대학에서 프탈레인이 플루오레세인과 오르신-프탈레인을 염색하는 데 대한 논문으로 박사학위를 받다
1878	뮌헨 대학에서 무급 강사로 강의하다
1879	뮌헨 대학에서 분석화학 조교수로 근무하다
1881	에를랑겐 대학의 화학 교수가 되다
1882~06	푸린과 당을 연구하다
1888	뷔르츠부르크 대학의 화학 교수로 임명되다
1892	베를린 대학의 학과장이 되다
1894	효소 반응의 열쇠와 자물쇠 모형을 제안하다

1898	그가 만든 130개의 푸린 중 첫 번째 푸린 화합물을 합성하다
1899~08	아미노산과 단백질을 연구하고 펩티드 결합을 정의하다
1902	당과 푸린에 대한 연구 업적으로 노벨 화학상을 받다
1903	5.5-디에틸-바르비투르산을 합성하다
1914	최초로 핵산을 합성하다
1919	7월 15일, 베를린에서 세상을 떠나다. 독일 화학학회는 피셔 기념 메달을 제정했다

생체 내의
탄화수소 화합물 연구 및
신진대사를
조절하는 효소에 대한
연구 분야를 개척했다

효소의 비밀을 밝힌 생화학자,

거티 코리

설탕 대사와 포도당 저장 장애

탄수화물은 우리 몸을 움직일 수 있게 하는 힘을 공급하는 중요한 영양소다. 음식을 통해 우리 몸에 흡수된 에너지는 혈액 순환과 모든 신체 조직에 사용되기 위해 나누어진다. 소화 효소는 섭취된 탄수화물을 먼저 젖당이나 자당과 같은 **이당류**로 소화시킨 후에 과당이나 포도당 같은 **단당류**로 바꾼다. 포도당은 글루코오스라고도 부르는데, 6개의 탄소 원자를 가지고 있는 기본적인 당이다. 우리 몸이 에너지를 필요로 할 때 세포에 저장되어 있던 **글리코겐**이 글루코오스로 바뀌고, 이 글루코오스가 분해가 되면서 에너지를 내놓는다.

생화학자는 생물체 내에서 일어나는 화학적 작용을 연구한다. 거티 코리는 우리 몸에서 당을 어떻게 사용하고 저장하는가를 밝히는 실험을 했다. 그녀는 남편인 칼 코리와 함께 글리코겐과 글루코오스의 관계를 설명하고, 그와 관련된 효소들을 확인하고 특성들을 알아냈다. 그 후 어린아이에게 나타나는 탄수화물 대사 장애를 연구했으며 특별한 효소의 결핍이 이 장애와 연결된다는 것을 밝혔다.

이당류 두 개의 단당류로 이루어진 탄화수소 화합물로 락토오스(젖당), 말토오스, 설탕 등이 여기에 속함

단당류 당류 중 더 이상 가수분해 되지 않는 당의 총칭. 과당이나 글루코오스가 여기에 속한다.

글리코겐 글루코오스 분자로 이루어진 다당류로서 동물 세포는 글리코겐 형태로 에너지를 저장함

왜
이러세요……?
무서버
어허,
실험 중이라니까!
부들
부들

평생 동안의 파트너십

거티 테레사 래드니츠는 1896년 8월 15일, 체코에서 삼녀 중 장녀로 태어났다. 아버지는 사탕무 정제소에서 화학자 겸 관리자로 일했는데, 아버지가 앓고 있던 당뇨병은 그녀의 연구에 영향을 주었다. 10세 때까지 개인 지도를 받다가 문화와 사회 예절을 배우기 위해 여학교에 입학했다. 당시 여학생들에게는 남학생과 같이 공평하게 공부할 기회가 거의 없었다. 대학교에 다니는 여학생도 있었지만, 극소수뿐이었다. 코리가 개인 지도를 받은 교육은 학교에서 별 도움이 되지 않았다. 학교에서 배우는 라틴어, 과학, 수학 과목이 대학교 입학에 가장 중요한 과목들이었다. 소아과 교수이던 코리의 삼촌은 코리의 지적 능력을 알아보고, 고등 교육을 받도록 도와주었다. 16세의 여름 방학 때 라틴어를 공부하고, 그 후 2년 동안 다른 과목을 공부해 대학 입학시험을 보았다. 1914년, 코리는 프라하에 있는 독일 대학교 칼 페르디난트 대학에 입학했다.

의학을 연구할 계획이었던 그녀는 대학교 1학년 때 해부학 시간에 학교 친구인 칼 코리를 만나게 되어 같이 면역 시스템에 관해 공부했다. 그리고 함께 등산과 스키를 타면서 사랑하는 사이가 되어 1920년에 결혼해 각각 대학교와 어린이 병원에서 일하게 되었다. 당시 코리는 비타민 A의 결핍으로 인해서 생기는 안구 건조증에 대해 공부했다. 그러다 유대인이라는 사실 때문에 유럽에서 직장을 갖기 어렵게 되자 둘은 미국으로 가기로 결심했다.

남편 칼 코리는 버펄로에 있는 뉴욕 주립 연구소에 자리를 구했고, 6개월 후에 거티 코리는 병리학 조교로 일하게 되었다. 그녀는 남편과 같은 교육을 받았음에도 불구하고 남녀 차별 때문에 손해를 보았지만, 이를 극복하기 위해 더 열심히 공부하고 실험에 전념했다. 거티 코리는 버펄로에 있는 동안 X-선이 피부와 내장에 끼치는 영향을 연구했다.

남편 칼은 아내와 같이 연구하는 것이 싫어 실험실에서 나가라고 경고하기도 했지만, 가끔 칼 코리와 거티 코리가 연구한 것을 구별하지 못할 정도로 부부는 40년 동안 많은 연구를 함께 했다. 그 후 몇 십 년 동안 연구하게 될 탄수화물 **신진대사**에 흥미를 느끼게 되어 탄수화물 작용에 관심을 갖고 있었던 두 사람은 서로 도우며 연구에 전념하였다.

칼 코리는 뉴욕의 버펄로에 있는 대학교에서 악성질 병을 연구하는 생물학자로 지

신진대사 살아 있는 유기체 내에서 일어나는 모든 화학반응을 일컫는 말. 작은 분자에서 큰 분자가 합성되는 반응이나 복잡한 분자가 간단한 분자로 분해되면서 에너지를 방출하는 촉매 반응 등을 포함한다.

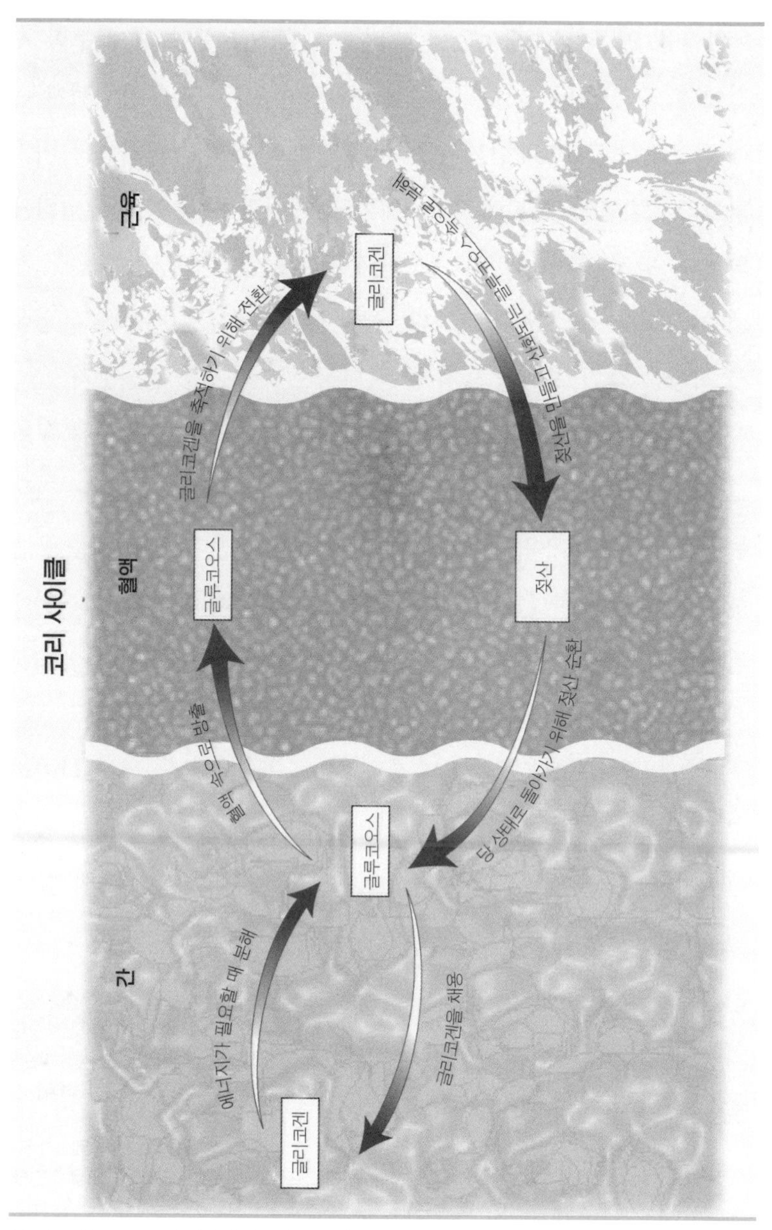

코리는 글루코오스 분자를 글리코겐과 젖산을 연결해 주는 사이클로 설명했다.

내다가 비엔나 대학의 약학 연구소에서 1년 동안 일한 뒤, 그래이즈 대학에서 6개월 동안 일했다. 그리고 뉴욕 주립 연구소에서 9년 동안 생화학자로 근무하면서 연구에 전념했다. 그 후 워싱턴 대학 약학부 약물학과 교수로 임용되었다. 한 교수가 그의 임용을 반대하자 칼은 그 교수를 찾아가 별로 흔하지 않은 고래 귀 안쪽의 뼈를 완벽하게 알아맞혀 실력을 인정받았다.

거티 코리는 활발하고 사교성이 많은 반면, 남편 칼은 조용하고 부끄럼을 잘 타는 성격이었다. 두 사람의 성격은 서로 잘 보완되어 연구와 일상생활에도 많은 영향을 끼쳤다. 일생 동안 칼은 거티보다 많은 상을 받고 과학적 업적도 인정받았다.

거티가 포도당 저장 장애를 연구하기 시작하자 칼은 더 많은 행정적인 책임을 지기 시작했다.

1960년에 거티가 세상을 떠나자 칼은 앤 픽 제럴드와 재혼했다. 워싱턴 대학을 은퇴하고 매사추세츠 케임브리지 대학으로 자리를 옮겼을 때, 하버드 의과대학에서는 그를 생화학 초대 교수로 초빙하고 매사추세츠 병원의 연구실을 제공했다. 칼 코리는 1984년 10월 20일에 세상을 떠났다.

호르몬으로 조절하는 탄수화물 대사

두 사람은 당분이 어떻게 사용되고, 어떻게 저장되는지를 연구하였다.

건강한 사람은 식사 후 혈당 지수가 운동 후의 혈당 지수와 비슷하거나 같은 반면, 정상이 아닌 사람은 식사 후의 혈당 지수가 급격히 올라가고, 글루코오스가 장으로 흡수된다. 우리의 몸은 어떤 방법으로 당분을 축적하고, 또 어떻게 활동에 필요한 당분을 균형 있게 조절할 수 있을까? 칼과 거티는 동물을 대상으로 한 실험을 통해 몸속에서 지방으로 변하는 글루코오스의 비율과 글리코겐으로 저장된 비율을 연구하기 시작했다. 이 연구는 정확한 측정을 요하는 연구였다.

거티 코리는 당분이 소장으로 흡수되는 속도와 글리코겐, 젖산과 같은 탄화수소 화합물의 생성 비율을 측정하고, 근육과 간 사이의 관계를 알아냈다. 그것은 바로 근육에 있는 글리코겐은 혈당 지수를 올리지 않지만, 간에 있는 글리코겐은 혈당 지수를 올린다는 것이었다.

6년 후, 칼과 거티가 발표한 탄수화물 대사 보고서에는 탄수화물 작용에서 **호르몬**이 하는 역할이 설명되어 있었다.

호르몬 혈액을 타고 흐르면서 세포 간의 화학적 메신저 역할을 하는 물질

인슐린 당분을 에너지로 바꾸는 데 필요한 단백질 호르몬으로 당뇨병 치료에 쓰인다.

1921년, 프레드릭 밴팅과 찰스 베스트가 **인슐린** 호르몬의 영향을 발견해 인슐린을 투입하여 혈당을 정상으로 만들었다. 치료받지 못한 당뇨병 환자의 경우, 몸을 이루는 각 세포로 글루코오스를 운반할 수 있는 충분한 양의 인슐린을 생산하지 못해 혈당 지수가 올라가게 된다.

칼과 거티는 인슐린과 에피네프린 이라는 다른 호르몬이 당의 작용에 주는 영향에 대해서 더 알아보기로 했다. 아드레날린이라고 부르는 에피네프린은 극심한 스트레스를 받을 때 신장 기관에서 생기는 호르몬이다. 칼과 거티는 인슐린 치료가 근육 글리코겐으로 전환되는 글루코오스의 양은 늘리지만, 간 글리코겐으로 전환되는 글루코오스의 양은 줄인다는 것을 발견했다. 또한 에피네프린이 더 많이 활동하게 되면 글루코오스의 양이 늘어날 뿐 아니라, 심장 박동 수와 혈압에도 영향을 준다는 것도 확인했다.

에피네프린 부신피질 호르몬으로, 몸이 스트레스 상황에서 대처할 수 있게 해 줌. 예로서 아드레날린이 있음

시험관 속의 화학

1928년, 칼과 거티는 오랜 연구와 헌신으로 미국 시민권자가 되었다.

그들은 초기에는 글루코오스와 젖산의 연구에만 관심을 가졌다가 점점 연구 영역을 넓혀 갔다. 두 사람이 공동으로 펴낸 책은 50권이 넘을 정도였다. 하지만 대부분의 사람들은 거티가 여성이라는 이유로 얕잡아보았고, 심지어 두 사람의 연구에서 과연 그녀가 어떤 역할을 하는지 의심하기조차 했다.

1931년, 미저리의 세인트루이스에 있는 워싱턴 의과대학이 두 사람을 받아들여 두 사람은 이사를 하게 되었다. 그곳에서 칼은

약학박사와 생화학박사 학위를 받았지만, 거티는 아무 지위 없이 그저 약학과 회원 자격만 받는 데 그쳤다. 당시는 남녀 차별이 심해 여성은 갖고 있는 능력만큼 실력을 발휘하지 못하는 시기였다.

1942년, 칼은 약리학 교수가 되었지만, 거티는 약리학과의 평범한 연구원이었을 뿐이었다.

> **가수분해** 하나의 물 분자가 첨가됨으로 인해 공유결합이 깨지는 현상. 즉, 어떤 분자에 가수분해가 일어나면 그 분자 내의 원자간 결합이 한 곳에서 깨져 한 부분에는 수소 원자가 들어가고 또 다른 부분에는 수산기가 들어간다.

당시 화학자들은 글리코겐이 **가수분해**에 의해 글루코오스 분자로 나눠진다고 믿었다. 하지만 거티 코리는 이것이 잘못되었음을 발견하였는데, 그 과정은 당시의 화학자들이 생각한 것보다 훨씬 복잡한 것이었다.

1936년, 그녀는 개구리의 근육에서 글리코겐이 글루코오스로 분해되는 과정의 중간 물질을 발견하고 분리하는 데 성공했다. 그 물질은 글루코오스-1-인산염이었다. 이 물질을 '코리 에스테르'라고 부르는데, 이 분자는 첫 번째 탄소 원자에 인산기가 붙어 있었다.

1939년, 칼과 거티는 글리코겐을 시험관 속에서 합성시키기 위해 이 연구 결과를 이용해 효소를 정화시킴으로써 화학자들을 놀라게 했다. 거티는 효소인 포스포릴라아제가 수많은 글루코오스 분자가 글리코겐을 형성하기 위해 결합하는 것을 막는다는 사실을 알아냈다.

1938년, 코리 부부는 또 다른 탄수화물 신진대사의 중간 물질

저 여자는 아마
나중에 실험도구를
씻는 일이나 할 거야.
칸
뭐야?

인 글루코오스-6-인산염을 발견했다. 이것은 여섯 번째 탄소 원자에 한 개의 인산기가 붙은 글루코오스 분자였다. 이 물질은 포스포글루코뮤타제나 **인산화**에 의해 생성되는 것으로, 글루코오스-1-인산염 분자를 전환하여 만들 수 있었다.

인산화 인산기가 화합물의 구성 성분인 OH의 H와 치환됨으로써 화합물에 결합되는 반응으로 분자의 활성을 바꿀 수 있다.

이 모든 실험이 이루어지는 동안 부부는 아들 톰 코리를 낳았다. 아들 톰은 부모와 다른 길을 가고 싶어 했지만, 화학박사 학위를 땄고 시그마-알드리치라는 화학제품 회사의 회장이 되었다.

미국 최초의 여성 노벨상 수상자

거티 코리는 1940년경에 탄수화물 대사에 관한 명쾌한 도표를 완성하고, 드디어 워싱턴 대학의 정식 교수로 임명되었다. 당시 하버드 대학을 비롯한 여러 대학이 칼과 거티를 데려가기 위해 노력했는데, 워싱턴 대학에서 칼에게 학과장 자리를 제의했기 때문에 두 사람은 워싱턴 대학에 남았다. 1947년 칼은 거티를 워싱턴 대학의 정교수로 임명했지만, 같은 해에 거티는 골수 형성 장애 진단을 받고 몸이 많이 쇠약해졌다.

칼과 거티는 그들이 이룬 업적으로 1947년 노벨 의학상을 받았다. 특히 거티는 세계에서 노벨상을 세 번째로 받은 여성이자, 미국에서는 첫 번째로 노벨상을 받은 여성이 되었다.

글리코겐 저장 장애

건강이 몹시 좋지 않음에도 불구하고 거티는 연구에 박차를 가했다. 1950년 초에 탄수화물 작용에 의한 두 가지 병을 발견하였는데, 하나는 글리코겐 구조가 너무 비정상인 것, 그리고 또 하나는 글리코겐이 어느 한 곳에만 집중적으로 저장되는 것이었다. 이 두 가지 모두 필요한 효소의 결함으로 인해 생기는 희귀한 선천성 대사 이상이다. 그 효소 결함으로 병이 유발될 수 있다는 것을 발견한 것은 희귀병 치료에 큰 발전을 가져왔고, 이것이 선천성 대사 이상과 연결된다는 것도 알아냈다.

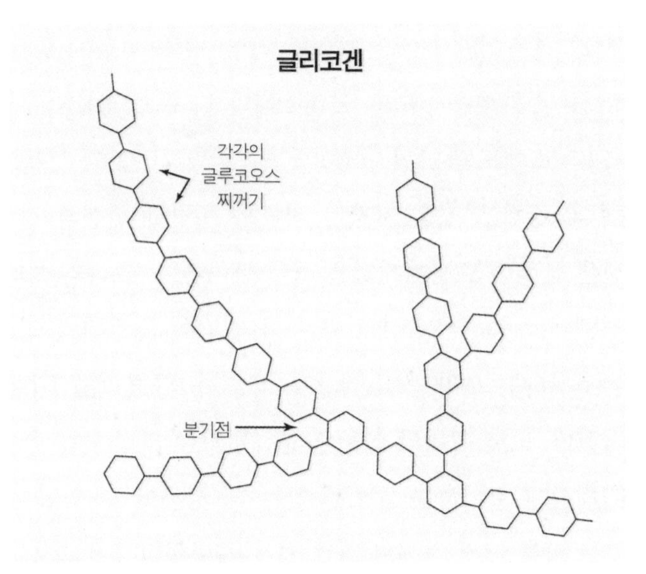

글리코겐은 수백 개의 글루코오스 분자로 이루어진 가지가 많은 중합체이며, 동물 세포에서는 글리코겐 형태로 에너지가 저장된다.

영웅의 죽음

1957년, 거티 코리는 마지막 과학 논문인 〈글리코겐 저장 장애의 생화학적 측면〉을 출간했다. 그리고 그해 10월 26일, 61세의 나이로 남편의 곁에서 숨을 거두었다. 그녀는 일생 동안 많은 과학 발전에 기여했고, 칼과 함께 미국 화학학회 상을 받았다. 해리 트루먼 대통령은 그녀를 정부 보조금으로 과학 연구를 하는 미국 과학재단의 회장으로 임명했다. 그녀는 1948년에는 정부 메달을 받았고, 같은 해에 세인트루이스 메달을 받았으며, 1950년에는 당분 연구 상을 받았고, 1951년에는 보든 상을 받았다. 또 그들 부부는 모두 여섯 명의 학자를 키워냈는데, 세베로 오코아와 아더 코른버그(정신학 혹은 약학, 1959), 루이스 리로이어(화학, 1959), 얼 서덜런드(정신학 혹은 약학, 1971), 크리스티안 디 두브(정신학 혹은 약학, 1974) 그리고 에드윈 크렙스(정신학 혹은 약학, 1992)가 그들이다.

신중함과 강한 열정을 가졌던 거티는 무한한 헌신과 성실함으로 자신은 물론 동료들에게도 동기를 부여했다. 그녀의 이러한 성품은 혈액에 있는 글루코오스와 근육과 간에 저장된 글리코겐의 균형을 조절하는 우리 몸의 작용을 찾을 수 있게 해준 확실한 계기가 되었다. 또한 그녀의 신중한 분류법과 창의력 덕분에 탄수화물 신진대사에 관여하는 효소를 찾는 데 성공할 수 있었다. 그녀의 연구는 당분 저장 장애와 관련 있는 질병들이 효소의 불안정에 의해 발병한다는 것과 직접적인 관계가 있었다.

칼 페디낸드 코리

1947년의 노벨 수상자이자 거티의 남편이었던 칼은 1896년 12월 5일, 프라하에서 태어났다. 그가 두 살 때 그의 아버지는 해양생물학 연구소장이 되었기 때문에 칼의 어린 시절은 동물학으로 연결되었다.

학생 때는 동굴 탐험과 곤충을 수집하는 데 시간을 보냈으며 테니스, 수영, 등산과 같은 운동에도 소질이 있었다. 생물학을 전공하고 싶었던 칼은 1914년에 거티가 다니던 대학에 입학했다.

연 대 기

1896	8월 15일, 체코 프라하에서 태어나다
1914	프라하에 있는 독일 대학교인 칼 페르디난트 대학 의과대학에 입학하다
1920	의학박사 학위를 받다
1920~22	비엔나에 있는 어린이 병원에서 일하다
1922	남편 칼 코리와 함께 미국 버펄로의 뉴욕 주립 연구소에 취직하고, 탄화수소 대사 연구에 흥미를 갖다
1929	남편과 함께 탄수화물 대사에서 코리 사이클을 제안하다
1931	세인트루이스의 워싱턴 대학의 약학부 연구원 자리를 받아들이다
1936	글리코겐이 글루코오스로 변하는 과정에서 생기는 중간물질인 글루코오스-1-인산염을 발견하다
1939	남편과 함께 글리코겐을 합성하다

1944	워싱턴 대학의 정식 교수로 승진하다
1947	촉매에 의한 글리코겐 전환을 발견한 공로로 생리학 약학 부문의 노벨상을 받고, 그 공을 베르나르도 알베르토 호세와 함께 나누다. 생화학 정교수가 되다
1951	글리코겐의 대사와 저장 장애에 관한 연구에 초점을 맞추다
1957	10월 26일, 61세의 나이로 세상을 떠나다

> 대두에서 추출한
> 물질로부터 제품을
> 합성하는 방법을
> 개발하였다

유기 물질 합성의 챔피언,

퍼시 줄리안

녹내장 약제와 천연 식물 제품에서 얻는 스테롤 합성

개발도상국들은 만성병을 치료하기 위해 전통적인 의술에 의존한다. 예를 들면 생강은 체한 것을 낫게 하는 데 도움을 주고, 혈액 순환을 잘 되게 하며, 두통에도 효과가 있다. 유칼리나무(상록거목)는 살균 소독 작용을 하며, 기침을 멈추게 한다. 미국에서 처방하는 모든 약 성분의 3분의 1이 식물에서 추출되거나 파생된다. 예를 들면 진통제인 모르핀은 양귀비에서, 난소암을 치료하는 데 쓰이는 택솔은 주목나무에서 추출한 것들이다. 제약 업계에서 일하는 현대 화학자들은 식물로부터 자연 제품과 천연 제품, 그리고 좀 더 새롭고 효과 있는 약품을 만들어내기 위해 노력한다.

퍼시 줄리안은 유기 분자와 자연, 천연 제품을 화학적으로 능숙하게 다룰 줄 아는 전문가였다. 그는 **녹내장**과 관절염, 그리고 재발하는 장애들을 치료하기 위한 약을 만들고 개발하는 책임을 맡고 있었다. 유기 물질 합성에 대한 노력과 개발 덕분에 그는 100개가 넘는 특허권을 따냈다.

녹내장 안구의 압력이 비정상적으로 늘어나고 시신경이 손상되면서 결국에는 시력을 잃게 되는 병

배가 너무
아픈대요.
배탈이야.
배탈?
O~K!!

따라잡기

퍼시 라본 줄리안은 1899년 4월 11일 앨라배마 몽고메리에서 태어났다. 그의 아버지 제임스 섬너 줄리안은 철도 우편물 관리인이었고, 어머니 엘리자베스 레나 애덤스 줄리안은 교사였다. 수학과 철학을 좋아했던 아버지는 6남매의 교육에 기대가 높았고, 아프리카계 미국인으로서 백인이 지배하는 세상에서 백인을 능가하려면 더욱 노력해야 한다는 것을 알고 있었다. 이런 아버지의 격려와 도움으로 육남매 모두 대학에서 학위를 받았다. 줄리안은 당시 인종 차별로 인해 분리된 아프리카계 학교에 다녔는데 백인이 다니는 학교와 달리 과학반이 없었다. 하루는 경찰이 백인학교의 실험실을 엿보는 호기심 많은 줄리안에게 경고를 했다. 바로 그날 줄리안은 화학자가 되겠다고 결심했다. 전도 학교를 다녔지만 줄리안에게는 수업 내용이 너무 쉬워서 부모님은 그를 몽고메리에 있는 흑인들이 다니는 사립학교에 보냈다.

이 학교를 졸업하던 시기였던 1916년 줄리안은 세인트 엘모 브래디가 아프리카계 미국인으로서는 처음으로 화학박사 학위를 취득했다. 이 소식에 용기를 얻은 줄리안은 박사학위를 받기로 결심했다.

그린캐슬에 있는 드포 대학은 하위 신입생이란 조건으로 줄리안의 입학을 허락했다. 줄리안이 힘들고 혹독한 고등학교 과정을 마쳤기 때문에 가능한 일이었다. 그곳에서 처음 2년 동안은 정규 과정 강의를 들으면서 보충 수업을 들어야 했다. 2학년이 끝날 무렵, 줄리안은 학비를 내기 위해 일을 하며 뒤떨어진 수업을 따라잡아야 했다. 대학 생활 2년이 끝나고도 상황은 하나도 변하지 않았다. 4년 후, 여전히 화학에 관심 있었던 그는 드포 대학에서 모범적이고 훌륭한 학생으로 선출되었지만, 인종 차별로 졸업 장학금을 받지 못했다. 실망한 줄리안은 교수의 조언대로 테네시 내슈빌에 있는 흑인 학교인 피스크 대학에 교수로 가게 되었다.

꿈을 포기하지 않은 줄리안은 하버드 대학의 오스틴 단체 장학금을 신청하였고, 1922년 매사추세츠로 가서 1923년에 유기화학 석사학위를 취득했다. 하지만 자격이 충분함에도 불구하고 인종 차별로 인해 조교수 자리를 얻지 못했다. 대학 측은 흑인 교수가 가르치면 백인 학생들이 화를 낼 거라고 생각했기 때문에 그는 연구만 하는 자리에 머무를 수밖에 없었다. 그럼에도 불구하고 그는 생화학과 유기화학을 공부하면서 박사학위를 땄다.

1926년, 그는 흑인 학교였던 웨스트버지니아 주립 대학 교수 자리를 받아들였다. 그런데 화학 교수가 줄리안 혼자였기 때문에 강의 준비와 실험 준비는 물론 청소까지 혼자 도맡아야 했다.

보다 많은 것에 대한 갈망

1928년, 줄리안은 좀더 활성화된 연구 프로젝트를 맡기 위해 워싱턴으로 자리를 옮겨 하워드 대학의 화학부 책임자가 되었다. 그리고 오스트리아 비엔나 대학에서 니코틴과 에페드린 합성 방법을 개발한 것으로 유명한 에른스트 스페스 밑에서 연구를 마치기 위해 록펠러 재단의 기금을 받았다.

알칼로이드 탄소, 수소, 질소, 산소를 포함하고 있는 유기 물질

니코틴은 담배 잎에서 얻을 수 있는 **알칼로이드** 화합물이며, 에페드린은 자극적인 성질을 가진 알칼로이드 화합물이다.

식물에서 발견되는 이 알칼로이드 화합물들은 탄소, 수소, 질소, 산소가 함유된 유기 물질로서 약 재료로 쓰이거나 독성 물질로 쓰인다.

1929년부터 1931년까지 줄리안은 코리달리스 카바라는 식물에서 얻은 알칼로이드 물질의 합성을 연구하고, 단백질이 풍부한 대두에도 관심을 갖게 되었다. 유럽 시장은 이미 천연 콩 식품을 약품으로 생산하고 있었다.

1931년, 줄리안은 비엔나 대학에서 유기화학 박사학위를 받은 후 하워드 대학으로 돌아와 정식 교수로 임명되었다. 하지만 대학 임직원들의 반대로 그곳을 떠나 드포 대학에서 연구원과 유기화학 교수로 자리 잡았다. 그는 비엔나 대학의 동료인 조셉 피클과 함께 식물에서 얻을 수 있는 물질들을 합성하는 방법을 계속 연구

해 칼라바르 콩에서 추출한 물질인 **피조스티그민**(녹내장을 치료하는 근육 완화제)의 구조를 밝히고, 그것을 합성하는 데 관심을 가졌다. 피조스티그민은 눈 주위의 근육을 완화하는 작용을 하여 주변의 과다한 액체는 빠지고 시신경의 압력은 줄어들게 한다. 줄리안의 목적은 식물에서 뽑아낸 천연 물질보다 훨씬 적은 비용으로 피조스티그민을 합성하는 것이었다. 줄리안은 당시 피조스티그민의 선두주자로 있던 옥스퍼드 대학의 유명한 화학자 로버트 로빈슨의 연구 결과가 틀렸다는 것을 증명하기 위해 더욱 연구에 힘썼다.

피조스티그민 칼라바르 콩에서 추출된 알칼로이드로 의학적으로 유용한 물질이다.

1934년, 줄리안은 〈인돌류에 대한 연구〉를 미국 화학학회지에 발표해 자신의 주장을 증명했고, 1935년에는 피조스티그민을 성공적으로 합성해 유기화학 분야에서 명성을 드높이게 되었다.

대두를 연구하는 화학자

1932년 12월, 줄리안은 사회학박사인 애나 존슨과 결혼하여 퍼시 라본 주니어와 패스 로젤을 낳았다.

1935년은 줄리안에게 중요한 해였다. 드포 대학으로부터 교수직을 거절당하고 계속되는 인종 차별로 낙담하고 있던 그에게 시카고 글라이든 회사의 대두 식품부의 책임자가 제안되어졌다. 이는 미국 흑인으로서는 최초로 주요 산업 실험실을 책임지게 된 것으로, 후에는 글라이든 더키 식품 사업부의 총책임자인 동시에 화학 분야의 관리자가 되었다.

글라이든은 페인트를 비롯하여 몇 가지 제품을 생산하는 회사이다. 줄리안은 콩에 있는 화합물을 추출해 콩 단백질을 사용하는 방법을 개발하였다. 또 글라이든은 방수 효과, 페인트, 코팅에도 사용되는, 우유에 들어 있는 카세인 단백질을 만드는 데도 관심을 보였다. 줄리안은 카세인과 비슷한 콩 단백질 추출 방법을 개발하고 에로 폼이라는 내연제도 개발하였다. 실험 후 남은 콩 찌꺼기는 가축 사료용으로 팔았다.

콜레스테롤 분자식 $C_{27}H_{46}O$로 4각 고리를 가진 스테로이드 구조의 지방 분자로 세포막 형성과 스테로이드 합성에 중요한 역할을 하는 물질

줄리안의 실험실은 마가린과 야채 드레싱, 콩 레시틴과 같은 식품을 만들 수 있게 해주었다. 콩기름은 콜레스테롤이 없고, 포화지방이 낮기 때문에 건강을 염려하는 현대인에게 인기 상품이 되었다. 콩으로 만든 두부는 아시아에서 최고의 단백질 식품으로 꼽히고 있다.

스테로이드 합성

스테롤 불포화 알코올에 속하며 동물, 식물에서 발견할 수 있는 물질로 스테린이라고도 한다.

줄리안의 또 다른 업적은 스테롤에 관한 연구이다. 드포 대학에 있을 때 칼라바르 콩에 들어 있는 피조스티그민을 뽑아낼 때 기름을 이용하고, 산으로 기름을 씻어내

영양은
내가 최고지
영양짱
콩짱!
영양짱
두유
두부

는 방법을 썼다. 몇 주 후 줄리안은 기름 형태의 결정을 발견했는데, 그것이 바로 스티그마스테롤 화합물이었다. 스테롤은 식물이나 동물에서 발견되는 콜레스테롤과 같은 불포화된 알코올 화합물이다. 우리 몸은 대사 활동을 조절하고 성 완숙기에 신체를 발달시키는 **스테로이드** 호르몬을 만들기 위해서 스테롤을 사용한다. 또 스테롤은 조제 산업에도 사용된다. 스테롤은 도살한 동물의 담즙을 정화해 사용하는데, 이 방법으로는 일 년에 환자 한 명을 치료하려면 동물 수천 마리를 죽여야만 한다. 또 이런 방법으로 얻은 스테롤은 굉장히 비싸기 때문에 줄리안은 콩기름의 스테롤을 추출하면 매우 큰 도움이 될 것이라고 확신하였다. 하지만 콩기름으로부터 스테롤을 분리하는 것

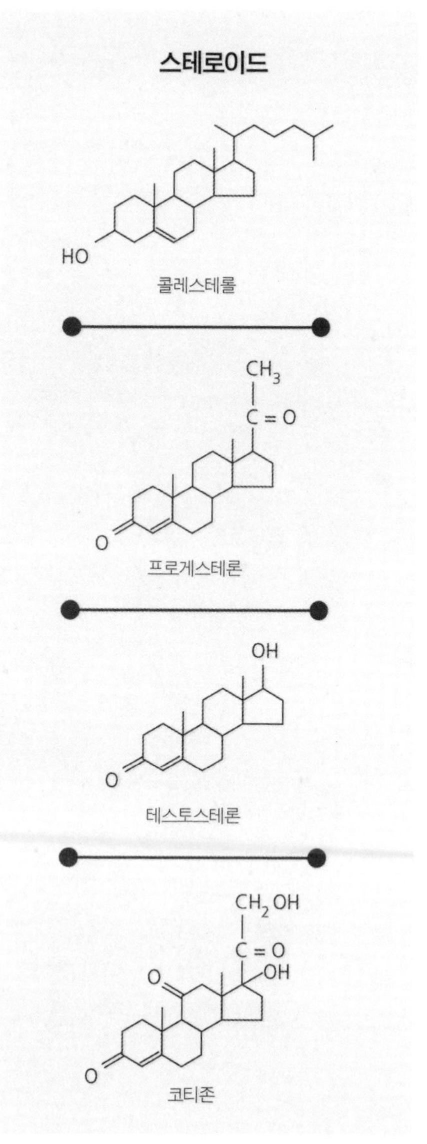

프로게스트론, 테스트론, 코티존은 모두 4개의 고리를 가진 콜레스테롤에서 유도된 스테로이드 화합물이다.

이 쉽지 않았기 때문에 다른 연구에 몰두하게 되었다.

1940년 어느 날, 줄리안은 콩기름 탱크가 물로 오염되어 흰 물질이 형성되어 있다는 연락을 받았다. 줄리안은 칼라바르 콩기름에서 형성된 이 결정체가 콩기름에서도 만들어졌다는 것을 금방 알아차렸다. 그는 곧 콩기름의 스테롤 추출법을 개발하기 시작했으며, 스테로이드 호르몬인 프로게스테론과 **테스토스테론**을 가장 효과적으로 합성하는 방법을 알아냈다. 프로게스테론은 임신 중의 자궁 상태를 바로 유지하기 위해 생성되는 호르몬으로, 유산을 막는 역할을 하는데, 오늘날에는 두통이나 불규칙한 월경 치료, 그리고 피임약 제조에 쓰인다. 테스토스테론은 남성 호르몬으로서 성 발달을 자극하고, 수정 능력을 유지시키며, 정상적인 성 조절을 하는 데 중요한 역할을 한다. 따라서 줄리안의 발견은 대단한 진보였다.

1948년에 연구원들은 **코티존**이라는 물질이 관절염 증세를 완화하는 것을 발견했다. 코티존은 스테로이드 호르몬의 일종으로 프로게스테론과 테스토스테론의 구조와 닮았다. 코티존은 몸속에 있는 염분과 당분의 농도를 조절하고, 스트레스에 견딜 수 있는 상태를 만들어준다. 또 염증을 줄이고, 류머티즘 치료에 효과적이다. 하지만 이 호르몬을 1파운드 정도 얻으려면 수백 달러가 든다. 줄리안은 프레그네놀론으로부터 코텍

스테로이드 콜레스테롤, 비타민, 호르몬, 쓸개즙 산 등을 포함하고 있으며 고리 모양의 구조를 한 지방성 분자

테스토스테론 스테로이드 호르몬의 일종으로 남성에게 특히 중요한 물질이다.

코티존 아드레날 코르텍스에서 만들어지는 스테로이드 호르몬

소론을 합성했는데, 코텍소론은 코티존 분자에서 산소 원자가 하나 빠진 구조이다. 1952년 업존 회사는 코텍소론 분자에 산소 원자 한 개를 붙여서 코티존 분자를 만들 수 있다고 생각했다.

줄리안이 합성한 코텍소론은 여러 가지 질병으로 고생하는 환자들을 구해주었다. 합성된 코티존은 벌레 물린 데 쓰이는 연고, 가려움증에 쓰이는 연고 등에 널리 사용되었다.

1950년에 줄리안은 그해의 시카고인으로 선정되었으나 인종차별은 여전히 존재했다. 그가 시카고에 있는 집으로 이사하기 전, 그의 집에 불을 지르기 위한 만반의 준비를 해놓고 있던 이웃집 백인들은 그가 이사하자 뒤뜰에 다이너마이트를 던졌다. 1951년에는 과학자 기업가 모임에 참석하기 위해 시카고 클럽에 들어가려다가 입구에서 출입을 거부당하기도 했다. 하지만 그는 뒤로 물러나지 않고 흑인의 평등권을 주장했다.

인간적인 과학자

1954년 한 과학자가 멕시코산 고구마가 콩보다 더 좋은 재료라고 발표했다. 그때 줄리안은 공장도 있었고, 멕시코에 농장도 있었으며, 줄리안 연구소라는 화학 회사도 설립한 상태였다.

줄리안은 멕시코산 고구마를 이용해 약과 다른 제품을 만들어 1961년에는 미국의 스미스사, 프랑스의 글락소스미스 등에 판매해 2,300만 달러의 수입을 올렸다. 그는 이 돈으로 일리노이 프랭클린에 줄리안 연구소와 줄리안 협회를 설립했다.

1974년, 간암 판정을 받은 줄리안은 악화된 건강에도 불구하고 미국 스미스사, 프랑스 글락소스미스와 계속 연구를 하다가 1975년 4월 19일, 76세의 나이로 세상을 떠났다.

줄리안의 장례식장에는 몸의 병을 치유하고 사회적인 다리를 세운 완전한 인간이라는 문구가 붙어 있었다. 그의 부인은 드포 대학에 줄리안 기념장학재단과 화학재단을 설립하기 위해 많은 돈을 기부했다.

1947년, 흑인을 위해 일한 줄리안은 스핀그란 메달과 19개의 대학교로부터 박사학위를 받았다. 1964년에는 오벨린 대학의 루크 스테이너 교수가 줄리안을 숭고한 마음이 세상에 미치는 영향을 널리 보여준 사람이라고 말했다. 학교에서 거절당했던 학생, 대학에서 거부당했던 교수 등 혹독한 인종 차별에도 불구하고 줄리안의 뛰어남과 전문적 기술은 그를 연구소의 총책임자, 회사 창업자로 거듭나게 했다.

연 대 기

1899	4월 11일 앨라배마 몽고메리에서 태어나다
1916	고등학교를 수석으로 졸업하다
1920	인디애나의 그린캐슬에 있는 드포 대학을 졸업하다
1920~22	테네시의 내슈빌에 있는 피스크 대학교에서 화학을 가르치다
1923	하버드 대학에서 유기화학 석사학위를 받다
1923~26	하버드 대학에서 생물물리학과 유기화학 공부를 계속하다
1926~27	웨스트버지니아 주립 대학에서 화학을 가르치다
1928	워싱턴에 있는 하워드 대학의 화학과 학과장이 되다
1929	록펠러 재단의 회원으로 가입하고, 에른스트 스페스 밑에서 알칼로이드 합성을 연구하기 위해 비엔나로 가다
1931	비엔나 대학에서 박사학위를 받고 하워드 대학으로 돌아와 정교수로 승진되다 피조스티그민의 구조와 합성 연구를 시작하다
1932	하워드 대학을 사임하고 드포 대학에서 화학을 가르치는 연구 교수가 되다

1934	미국 화학학회에 피조스티그민의 합성에 관한 연구를 발표하다
1935	피조스티그민 합성에 성공하다
1936	아프리카계 미국인으로서는 최초로 시카고에 있는 글라이든 더키 식품 사업부 실험실의 연구 책임자가 되다. 대두에서 식물성 단백질을 추출하다
1940	대두유에서 스테롤을 추출하는 방법을 개발하고, 프로게스테론과 테스토스테론을 합성하다
1948	코티존의 선구 물질인 코텍소론을 합성하다
1954	글라이든 회사를 그만둔 뒤, 시카고에 공장을 차리고 멕시코시티에 실험실을 열다
1961	스미스, 클라인 그리고 프렌치(현재의 글락소스미스클라인 회사)에 시카고 공장을 팔고, 1964년까지 대표직을 맡다
1964	일리노이의 플랭클린 파크에서 줄리안 연구소와 회사를 설립하다
1975	4월 19일, 암으로 세상을 떠나다
1990	미국 명예의 전당에 이름을 올리다

화학 결합의 성질을
설득력 있게
설명한 공로로
노벨 화학상을 받다

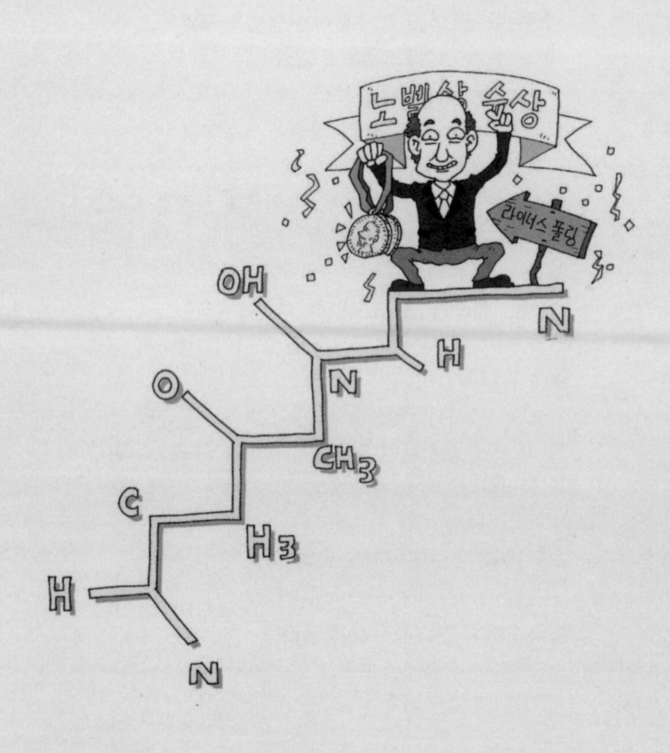

화학 결합의 열쇠를 선물한 물리화학자,

라이너스 폴링

Linus Pauling
(1901~1994)

화학 결합의 본성에 대한 이해

현대사에 나오는 과학자들은 대부분 논문을 쓰기 위해 인기 있는 주제를 선택한다. 불행하게도 이런 이유 때문에 많은 분야의 지식이 무시되는 일이 흔히 일어난다. 미국의 과학자 라이너스 폴링은 광물학과 양자역학에서부터 진화론까지 폭넓은 관심을 가졌지만, 분자의 구조에 대해 가장 많은 연구를 했다.

그는 적혈구 빈혈증이라는 질병을 분자 수준에서 설명한 최초의 사람이었으며, 비타민 C가 감기에 도움이 된다고 주장했고, 무엇보다도 화학 결합에 관한 연구로 가장 유명하다. 분자가 생성될 때 원자들을 서로 결합시켜 주는 힘에 대한 연구는 1954년, 그에게 노벨상을 안겨 주었다.

그런데 폴링은 핵무기 실험을 제한하자는 엉뚱한 제안을 하기도 했는데, 이는 사회적으로 큰 물의를 일으켰다. 미국 정부는 그를 공산주의자로 몰아 해외여행을 금지할 정도였다. 하지만 세계의 많은 사람들은 그를 다르게 생각했다.

폴링은 1962년에 다시 한 번 노벨상을 수상해 최초로 노벨상 2회 수상자가 되었다.

노벨상 수상
라이너스 폴링
OH
N
H
N
O
CH3
C
H3
H
N
노벨상을 두 개나…….
우와!

소년 교수

라이너스 폴링은 1901년 2월 28일, 오리건의 포틀랜드에서 태어났다. 약사였던 아버지 헤르만 폴링은 라이너스 폴링이 아홉 살 때 위궤양으로 세상을 떠나 어머니 루시는 폴링과 두 명의 누이를 홀로 키웠다.

폴링은 책을 많이 읽는 학생이었다. 아버지가 사망할 무렵 이미 성경책과 찰스 다윈의《종의 기원》을 읽은 상태였다. 청년 시절에는 곤충과 광물을 수집하고, 친구들과 간단한 실험을 하면서 화학의 세계를 즐겼다. 고등학교 졸업장 없이 오리건 주립 대학에 입학한 그는 아스팔트의 화학적 성분을 알아보는 실험을 하기도 했지만, 2년 후에 경제적인 이유로 학교를 그만두어야만 했다.

사정을 알게 된 학교 측은 폴링을 정량분석 수업 강사로 고용했다. 학생들은 그의 수업이 재미있고 효율적이어서 '소년 교수'가 강의하는 수업을 듣기 위해 줄을 섰다. 다음해, 폴링은 화학 엔지니어링 학위를 받고 졸업했다. 혼자 책 읽기를 즐겼던 그는 랭뮤어와 뉴턴이 연구했던 분자를 형성하는 힘에 대해 흥미를 갖게 되었다. 당시까지의 연구에 의하면 원자는 항상 8개의 전자를 갖는 쪽으로 반응을 일으키고, 안정한 상태가 되려고 한다. 원자는 8개의 전자를 가지려는 경향을 갖고 있기 때문에 원자의 성질이 결정된다는 것이다.

폴링은 화학 결합에 대해 더 배우기 위해 캘리포니아 공과대학에 진학해 물리화학박사 학위를 받았다. 그를 캘리포니아 공과대학으로 더욱 가고 싶게 만든 것은 대학이 주는 넉넉한 장학금과 세계적으로 유명한 아모스 노이 교수와 그가 주도하는 새로운 연구 센터였다.

로스코 디킨슨 교수의 지도를 받아 쓴 폴링의 박사학위 논문은 X-선 회절을 이용하여 무기 화합물의 결정 구조를 밝히는 것이었다. 디킨슨은 불과 2년 전에 박사학위를 땄지만, X-선 결정학의 전문가였으므로 폴링에게 고도의 복잡한 기술을 가르쳐줄 수 있었다. 폴링은 몰리브덴 금속의 결합각과 거리를 측정하고, 결정 구조를 밝혀 논문을 썼다. 그 과정에서 폴링은 자연스럽게 이론과 실험을 연관지었으며, 분자의 구조와 화학적 성질에 대한 직관적인 통찰을 얻게 되었다.

X-선 결정학 결정과 X-선과의 상호작용, 특히 결정에 의한 X-선의 산란 및 회절 현상과 그 응용에 관해 연구하는 결정학의 한 분야. X-선의 산란 · 회절 이론, X-선회절에 의한 결정구조의 해석 또는 물질의 분석 등의 분야가 있다.

폴링이 박사학위를 수여받을 때쯤, 그는 이미 결정 구조에 관련된 12편의 논문을 써냈다. 그는 석사 시절에 아바 밀러와 결혼해 네 명의 자식을 낳고, 60년이 넘는 결혼생활을 했다.

박사학위를 받은 폴링은, 구겐하임 연구소로부터 뮌헨에 있는 이론 물리 연구소로 와달라는 초청을 받았다. 그곳에서 폴링은 원자를 구성하는 입자들(즉 양성자, 중성자, 전자)의 구조와 성질을 설명하는 양자역학에 통달했다. 폴링은 유럽에 있는 동안 연구소를 대표하는 아놀 서머필드, 당시 유능하고 영향력 있던 어윈 슈뢰딩거, 막스 보른, 베르너 하이젠베르크, 로버트 오펜하임, 닐스 보어와 같은 많은 학자를 만났다.

폴링은 1927년에 권위 있는 런던 왕립학회 논문집에 파동역학을 이용해 원자의 성질을 설명하는 논문을 발표함으로써 명성을 쌓았다. 논문 제목은 〈다전자 원자와 이온의 물리적 성질에 대한 이론적 예측〉이었는데, 이것을 쓰면서 양자역학이 원자의 성질과 관련된 많은 질문에 답을 주리라 믿었다. 그는 또한 슈뢰딩거와 함께 파동역학을 이용하여 화학 결합 모델을 사용한 두 명의 독일 과학자 발터 히틀러와 프리츠 런던의 작업이 얼마나 의미 있고 중요한 것인지를 인식했다. 그들은 원자가 서로 접근하게 되면, 각 원자에 있는 전자들이 반대편 원자핵의 양의 전기에 끌려 당겨지기도 하고 전자들의 음전기로 인해 다시 뒤로 물러나기도 하면서 두 원자 사이의 결합 길이가 정해진다고 설명했다.

폴링의 법칙과 화학 결합 이론

캘리포니아 공과대학으로 돌아온 26세의 유망주 폴링은 이론 화학 조교수가 되어, 유럽에서 배워온 방법을 사용하여 새로운 연구를 시작했다. 그 후 2년도 안 되어 교수로 승진해 그로부터 5년간 X-선 회절결정학과 양자역학에 대한 논문을 50여 편 썼다. 그는 양자역학과 무기 결정에서 얻은 정보로 원자 간의 거리를 구하는 방법을 제안했는데, 그 방법은 바로 결정을 이루는 양이온과 **음이온**의 반지름을 더하는 것이었다. 그가 구한 이온 반지름 값은 역시 그가 구한 공유 결합 반지름과 반데르발스 반지름과 마찬가지로 오늘날 널리 쓰이고 있다. 폴링은 결정 구조의 안정성에 관한 지침을 마련해 다른 화학자들로 하여금 결정 구조를 올바르게 알아내기 쉽게 도와주었다. 그가 연구한 〈이온 결정의 구조에 관한 원리〉는 1929년에 미국 화학 학회지에 실렸고, 사람들은 이를 '폴링의 법칙'이라고 불렀다.

원자들이 어떻게 결합하여 분자를 구성하는지 더 궁금해진 폴링은 양자역학을 이용해 화학 결합의 형성과 특성을 연구했다. 그는 1931년에 첫 번째 저서인《화학 결합의 성질》을 쓰고, 1939년에는 비슷한 제목의 두 번째 저서《화학 결합의 성질과 분자 결정의 구조: 현대 구조화학의 도입》을 썼다. 양자역학을 **혼성궤도**함수, 공명, 전기 음성도 등의 개념에 적

음이온 음의 전기를 띤 입자

혼성궤도 화학 결합에서 원자 오비탈 간에 혼성이 일어나는 현상

용한 이 책은 역사상 가장 영향력이 큰 책이 되었다. 캘리포니아 공과대학은 폴링을 정규직 교수로 임명했고, 미국 화학학회는 그에게 랭뮤어 상을 수여했으며 미국에서 최연소로 국립 과학학회에 선출되었다.

원자가 결합 이론(VB)과 분자궤도함수 이론(MO)은 분자를 구성하는 원자들이 서로 전자를 공유하는 것을 설명하는 이론이었다. VB는 각각의 원자들이 자신의 전자 **오비탈**을 다른 원자와 공유함으로써 원자 간에 결합이 만들어진다는 이론이다. 반면에 MO는 분자 내에 있는 모든 원자핵의 중심이 분자를 중심으로 둥글게 배치되어 있는 분자 오비탈을 설명하는 이론이다. 폴링은 VB를 더 마음에 들어 했지만 VB로는 탄소 원자가 결합할 때 에너지가 같은 4개의 동일한 결합을 설명할 수 없었다. 그래서 이 부분을 수정하기 위해 혼성궤도, 원자가 조합, 원자 오비탈의 혼성 오비탈 형성 등의 개념을 만들었다. 오비탈을 혼성시키니까 오비탈들의 공간적 배치와 에너지 값이 바뀌었다. 다른 화학자들은 믿기 어려워했지만, 폴링은 분자를 3차원으로 만들어 놓은 후, 분자에 있는 원자들은 원자 간 결합이 더 견고해질 수 있는 방향과 위치에 놓인다고 설명했다. 이는 마치 분자 내에 있는 원자들이 더 강해지기 위해 스스로 모양을 바꾸는 것처럼 보였다.

오비탈 원자에 속한 전자들의 파동 함수를 가리키는 말

폴링은 공명 구조를 이용해 벤젠 분자에서 볼 수 있는 특별한 탄소-탄소 결합의 안정성을 설명했다. 1857년, 독일의 유기화학

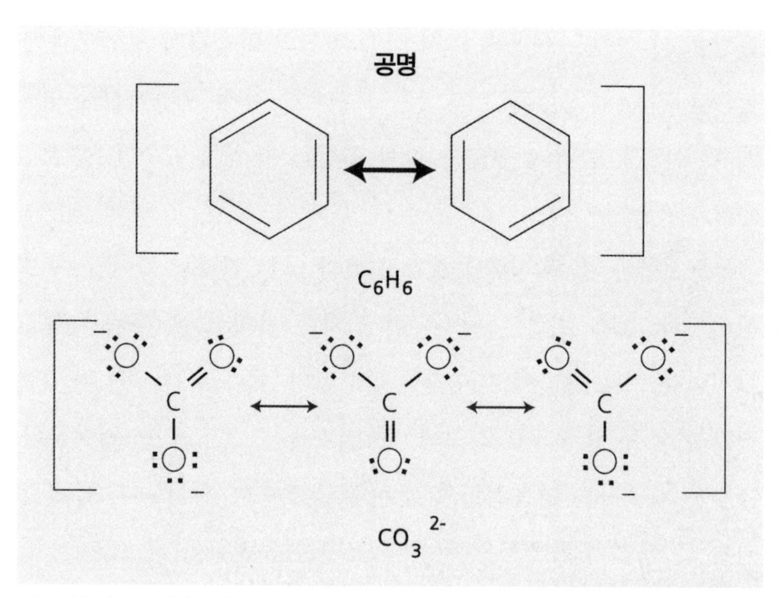

어떤 이온과 분자에서는 원자가전자(최외각 전자)가 두 개 이상의 원자에 비편재화되어 있으므로 원자가전자의 전자 구조를 그림처럼 혼성 공명 구조로 나타내야 한다.

자 프리드리히 케쿨레는 탄소 원자는 언제나 4개의 결합을 가지므로, 벤젠 분자에서 탄소 원자 간의 결합은 단일 결합과 이중 결합이 빠르게 호환하는 고리 모양 구조를 갖는다고 설명했다. 폴링은 양자역학을 이용해 벤젠 분자가 혼성 오비탈처럼 중간체적인 구조를 갖는다는 것을 보여주었다. 벤젠 분자의 공명 구조는 동적 평형을 이루며 움직이고 있는데, 실제 구조는 공명 구조가 바뀌는 사이의 어딘가에 있으므로 이것을 설명하기는 매우 힘들다.

폴링이 조사한 세 번째 이론은《화학 결합의 성질》에 나오는 전기 음성도이다. 공명 구조는 원자가 전자를 끌어당길 때 생긴다.

폴링은 이 성질을 이용해 극성 공유 결합의 **이중극자** 모멘트와 결합 에너지를 측정했다. 이중극자 모멘트는 특정 분자에서 분명하게 나타나며, 전기 음성도는 화학 결합의 특성을 예측할 때 쓰일 수 있다.

이온결합은 한 원자에서 전자가 나와 다른 원자로 들어갈 때 형성되지만, 공유 결합은 원자들이 전자를 하나 혹은 둘씩 내놓고 그것들을 서로 나누어 가지면서 형성된다. 이때 함께 나누어 갖는 전자를 공유 전자라고 하는데, 이 전자들은 반드시 쌍을 이룬다. 대부분의 분자는 이온결합과 공유 결합 사이에 위치한다. 이때 두 원자 간의 전기 음성도의 차이가 크면 이온결합이 되고, 전기 음성도의 차이가 작으면 공유 결합이 된다.

1934년경, 폴링의 관심은 단백질로 넘어가고 있었다. 단백질은 세포를 구성하는 물질이며, 효소처럼 생물학적 반응을 촉진하는 세포 활동을 한다. 단백질 분자는 20개가 넘는 아미노산으로 이루어져 있다. 폴링이 처음 연구한 단백질은 철을 함유하고 있는 **헤모글로빈**이었는데, 헤모글로빈은 적혈구 내에 있으며, 우리 몸 구석구석에 산소를 운반해 주는 물질이다. 그는 산소 분자가 전자장에 끌리는 성질이 있기 때문에 헤모글로빈에 있는 철 원자와 공유 결합을 할 수 있다는 것을 알게 되었다. 철 원자의 함량에 따라 전자장에서 얼마나 쉽게 끌려

이중극자 한 분자 내에서 음전기와 양전기를 띤 부분이 나타나는 것으로 극성분자에서 나타남

헤모글로빈 적혈구 속에 있는 분자로 산소를 운반하는 일을 함. 철 이온을 포함하는 단백질 분자의 일종

오는지를 측정함으로써 위의 사실을 알아낸 것이다.

폴링은 단백질과 다른 생체 분자 사이에 있는 수소 결합의 중요성을 최초로 알아내기도 했다. 수소 결합은 부분적 양전기를 띤 수소 원자와 부분적 음전기를 띤 다른 분자 사이에서 일어나거나, 극성을 띠는 같은 분자들 사이에서도 일어난다. **수소결합**의 세기는 공유 결합의 세기의 12분의 1에 달하지만, 두 분자 혹은 여러 분자 사이에서 각각의 분자들을 강하게 잡아준다. 단백질에 산이나 열을 가하면 변질이 일어나거나 단백질 분자가 펴진다. 이때 산을 적게 가하면 펴진 단백질 분자가 다시 원상태로 돌아올 수도 있다. 그러나 많은 양의 산을 가하면 단백질 분자는 원상태로 돌아오기 어려우며, 다시는 단백질로서 기능할 수 없게 된다.

1936년, 폴링은 수소 결합이 파괴되어 변질된 단백질에 수소 결합을 회복시켜 주면 단백질이 회복되지만, 심한 변질, 즉 수소 결합의 재구성이 불가능한 경우에는 단백질의 성질을 완전히 잃어버린다는 것을 알게 되었다.

폴링은 복합 단백질에 속하는 **항체**와 면역성을 연구하기도 했다. 항체들은 상당히 예민하며, 오직 **항원**에만 반응을 보인다. 항체의 이러한 성질은 폴링의 관심을 끌었다. 그는 항원에 있는 원자들이 항체의 일정 부분을 끌어당긴다는 이론을 제안했는

수소결합 같은 분자 내에 약간의 음전하를 띤 원자와 약간의 양전하를 수소 원자가 존재할 때, 이런 분자들 간에는 수소 원자를 중심으로 하는 분자간 인력이 존재하게 되는데, 이 힘을 수소결합력이라 함

항체 항원과 특이하게 반응하여 항원항체반응을 나타내는 물질

항원 면역 반응을 일으키는 분자

데, 오늘날에는 이것이 사실로 여겨지고 있다. 하지만 폴링은 같은 순서의 폴리펩티드 결합으로 이루어진 항체 분자들이 특정 항원으로만 끌려간다고 잘못 생각하기도 했다.

1937년, 캘리포니아 공과대학은 폴링을 화학부와 화학엔지니어링학부의 학장으로 임명했다. 화학부는 새로 지은 건물과 실험실을 자주 사용했는데, 폴링은 이곳에서 하루 12시간씩 일주일 내내 연구에 몰두했다.

1941년, 폴링은 신장 기능이 약해져 피를 잘 걸러내지 못한다는 진단을 받자 단백질과 소금을 적게 섭취하고 그 대신 비타민과 무기질을 보충하는 식이요법으로 건강을 되찾았다.

폴링은 미국의 진주만이 습격당한 후 몇 년 간 전쟁 무기에 관한 연구를 계속해 1948년, 대통령으로부터 공로상을 받았다. 전쟁이 끝난 후에는 핵무기 반대운동에 뛰어들었다. 이때의 확고한 의지와 행동은 나중에 문제가 되었다.

단백질의 구조

1947년, 폴링은 옥스퍼드 대학에서 임시 교수직을 하기 위해 영국으로 잠시 이사했다. 그해에 《일반 화학》이라는 유명한 화학 교과서를 쓰기도 했다. 미국으로 돌아오기 전, 그는 감기에 걸려 수십 일 간 고생하면서도 머리카락에서 발견할 수 있는 알파 케라틴이라는 단백질의 구조에 대해 고민했다.

폴링은 이미 10년 전부터 단백질 연구에 힘을 쏟았지만, 그동안 이 분야에서 이루어진 많은 연구 결과 덕분에 이번에야말로 알파 케라틴의 구조를 밝힐 수 있을 거라고 기대했다. 일단 단백질이 육각형의 구조라는 것을 믿고 종이로 폴리펩티드 결합을 만든 후, 펩티드 결합을 제외한 모든 단일 결합들을 회전시켰다. 그리고 한 단계씩 같은 방법으로 분자 내에 있는 단일 결합들을 회전시켰더니 나선 모양의 단백질 분자가 만들어졌다. 이 구조는 X-선 결정으로 확인된 결합 길이와 결합 방향이 같았다. 같은 학부에 근무하는 동료 교수 코리는 X-선 결정법으로 단백질의 구조를 결정한 사람이었다. **알파 헤릭스**(나선 모양) 육각형이라 불리던 이 구조는 아미노산의 -NH와 카르보닐기 사이에 수소 결합을 가지고 있으며, 나선 구조의 축과 평행한 방향으로 카르보닐기가 있다. 그는 1950년과 1951년 사이에 이 모델을 설명하는 여러 편의 논문을 발표했는데, 1951년 국립 과학 학회지에 실린 7개의 유명한 논문이 바로 그것이다.

그가 발견한 또 다른 구조는 **베타 플리티드 시트**(주름이 잡힌 면) 모양이다. 이것은 한 쌍의 폴리펩티드 고리가 나란히 있고, 카르보닐기의 산소와 -NH 그룹 사이의 수소 결합으로 연결되어 있다. 같은 방향으로 연결된 탄소들을 평행 방향이라 불렀고, 반대 방향으로 연결된

알파 헤릭스 단백질 분자의 구조를 가리킨다. 이 구조는 아미노산 분자가 나선 모양을 이루며 차례대로 붙어 있고 아미노산 분자 간에는 수소 결합이 작용한다.

베타 플리티드 시트beta-pleated sheet 단백질 구조 중의 하나로, 주름이 잡힌 넓적한 모양을 하고 있음. 이 구조는 폴리펩티드의 수소결합으로 인해 만들어진다.

알파 헤릭스와 베타 플리티드 시트

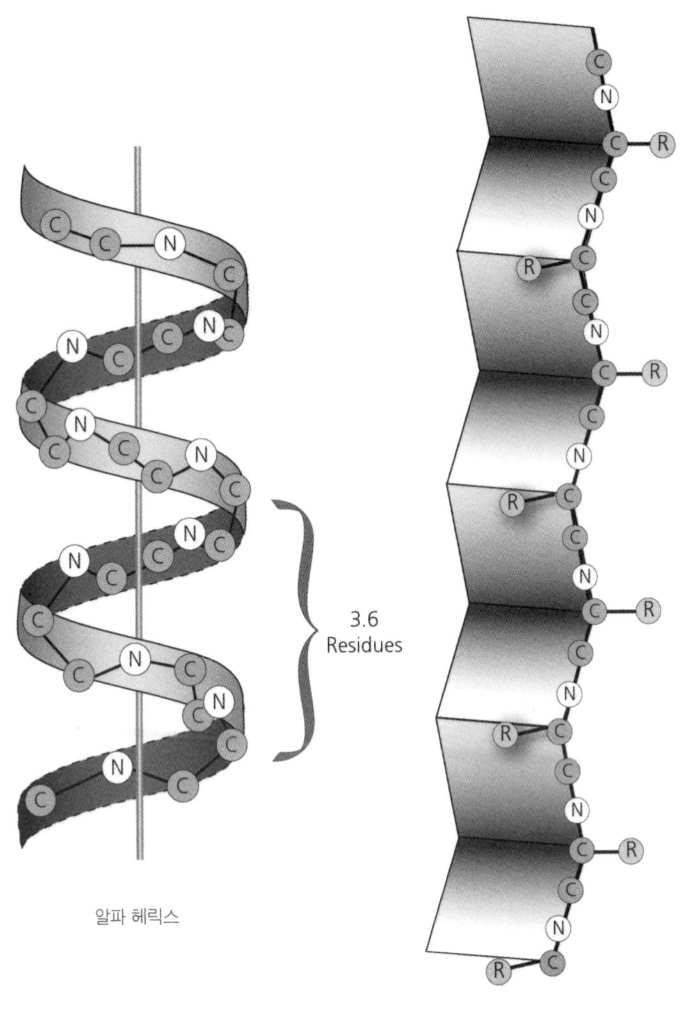

알파 헤릭스와 베타 플리티드 시트는 폴리펩티드 구조가 수소 결합에 의해 안정화된 것을 3차원으로 나타낸 것이다.

탄소들을 반대 평행이라 불렀다. 폴링의 발견 이후, 생물학자들은 이 방법으로 수천 개의 단백질을 구별했다.

폴링은 유능하고 똑똑한 화학자였지만, 항상 옳기만 한 것은 아니었다. 치명적인 실수 중 하나가 DNA의 구조를 잘못 안 것이다. 그는 DNA가 삼중 나선 구조에 인산기가 붙어 있다고 말했지만, 제임스 왓슨에 의해 밝혀진 DNA의 실제 구조는 이중 나선 구조였다. 이중 나선 구조를 발견한 두 사람 중 하나였던 제임스 왓슨은 폴링이 몇 주 만에 실험을 끝낸 게 실수였다고 말했다. 하지만 폴링의 실수가 폴링의 업적까지 빼앗아가지는 않았다. 1954년, 폴링은 화학 결합의 세계를 연구한 공로로 노벨 화학상을 받았다.

분자적 질병

빈혈 증세는 납작한 원반 모양의 적혈구가 바이러스 때문에 부풀면서 핏줄의 혈액 순환을 막아 생기는 병이다. 초승달 모양의 혈액 세포들은 수명이 짧기 때문에 빈혈증 환자처럼 운반되는 산소의 양이 적으면 피로를 심하게 느끼고, 더 나아가 죽을 수도 있다. 폴링은 빈혈증이라는 질병이 나타나는 까닭을 밝혔다. 그는 헤모글로빈 단백질 안에 있는 아미노산이 단백질의 구조에 영향을 미치기 때문에 자연히 적혈구의 구조에도 영향을 주어 빈혈증이 생긴다고 생각했다.

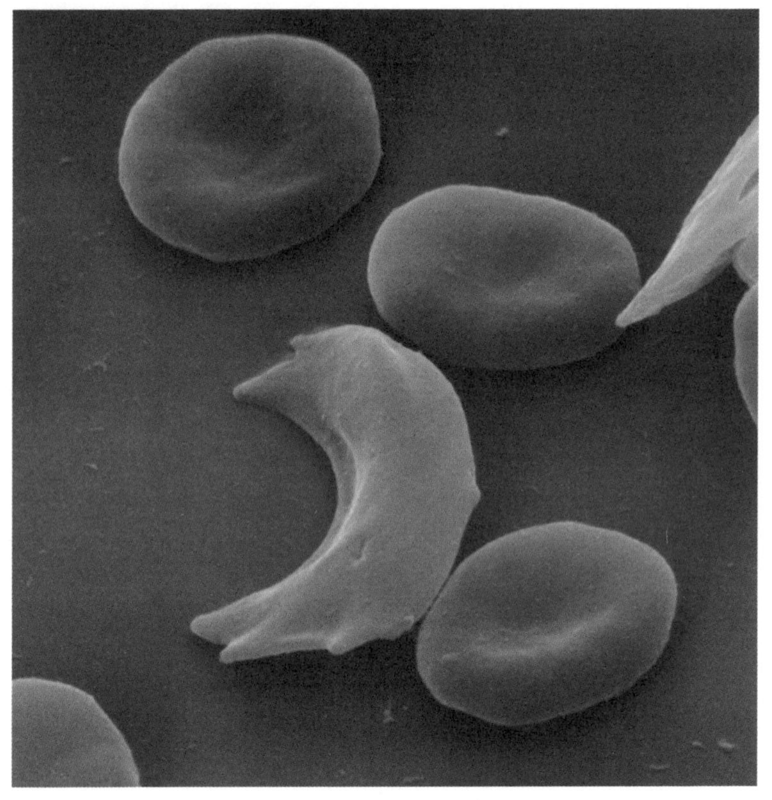

초승달 모양으로 찌그러진 적혈구가 생기는 빈혈증은 헤모글로빈 단백질 안에 있는 하나의 아미노산 분자가 변질된 것에서 기인한다.

전기 이동 액체에 떠 있는 콜로이드 입자가 직류의 영향으로 한쪽 전극을 향해 이동하는 현상

전기 이동은 반고체 주형 위에 올려진 물질에 전류가 흐를 때, 양의 전기를 띤 입자와 음의 전기를 띤 입자가 서로 다른 극으로 끌려가는 현상을 말한다. 결국 이 물질은 전기에 의해 분해가 되어버린다. 1949년, 폴링은 전기 이동을

이용해 정상적인 헤모글로빈과 비정상인 헤모글로빈을 분리하였다. 그 원리는 바로 두 단백질 분자가 전자장에서 다른 속도로 이동하기 때문에 가능했다. 이런 관점에서 보면 질병의 원인은 바로 단백질 구조의 변화라고 설명할 수 있는데, 폴링은 이런 주장을 한 최초의 인물이었다. 이런 기적 같은 사실을 발견한 후, 폴링은 케임브리지 대학에서 명예박사 학위를 수여받고, 미국 과학학회와 미국 화학학회의 회장 후보로도 추천받았다.

1956년, 버논 인그램과 헌트가 케임브리지 대학 실험실에서 헤모글로빈을 정확히 알아낸 결과, 비정상적인 헤모글로빈 분자에는 글루탐산이 아니라 아미노산 발린이 들어 있다는 것과, 아미노산의 이러한 변화가 질병의 원인이라는 것을 밝혀냈다.

1962년, 적혈구 빈혈증이 분자적 질병이라고 확신한 폴링은 에밀 주커캔들과 함께 **분자시계**를 제안하였다. 단백질을 집중적으로 연구하는 것은 모든 것의 기초가 되었고, 다른 생체에서 찾을 수 있는 같은 종류의 아미노산과의 상관관계를 연구하여 진화 거리를 찾기도 했다.

> **분자시계** 동일한 분자 종에서는 아미노산의 치환속도가 일정하다는 사실을 이용하여 아미노산 치환수를 기준으로 생물의 진화상의 분기연대를 추정하는 방법을 일컫는 말

예를 들어서 말과 사람은 사람과 고릴라가 갈라지기 훨씬 전에 갈라졌다. 말과 사람의 헤모글로빈 분자는 150개의 아미노산으로 이루어져 있는데 그중 18개가 다르다. 반면에 고릴라와 사람 사이에서는 단 2개의 아미노산 분자만 다를 뿐이다.

폴링은 단백질의 변화 속도는 언제나 일정하므로, 이런 방법으로 두 생물이 언제 갈라졌는지를 예측할 수 있다고 했다. 이것이 바로 진화 거리를 예측하는 것이다.

핵무기 반대운동

제2차 세계대전 이후, 폴링은 과학계에서의 자신의 위치를 내세워 핵무기 실험과 사용을 강하게 반대했다. 그가 핵반응의 치명적인 피해를 설명하면서 핵실험을 강력하게 반대하자 미국 정부는 이를 주시했다. 폴링은 원자과학자 협회에 가입하고 핵무기 실험 반대운동에 참여했는데 공산주의에 맞서는 방법은 핵무기뿐이라고 믿는 사람들은 핵무기 실험에 반대하는 사람들을 공산주의자 혹은 배신자로 몰았다. 그리고 1952년, 미국 정부가 영국 왕립학회에 참석할 예정이었던 폴링의 여권 신청서를 거부하자, 동료와 친구들은 그를 멀리했다.

하지만 미국 정부는 세계가 인정하는 노벨상 수상자 폴링에게 결국 여권을 내주게 되면서, 정부의 잘못을 인정하는 수모를 겪었다.

폴링은 핵무기 반대 탄원서에 많은 사람들의 서명을 받아 미국 정부에 제출했다. 그리고 《전쟁은 이제 그만》이라는 책을 썼는데, 이 일로 인해 결국 캘리포니아 공과대학 총장의 압박을 받아 교수직을 사임했다.

그 후, 미국, 소련, 영국은 핵무기 실험을 줄였고, 결국 미국 사회는 폴링의 조언을 받아들이기 시작했다. 폴링은 이 공로로 1962년에 노벨 평화상을 받았다.

비타민의 놀라운 효과에 대한 신뢰

폴링의 연구가 전통적 화학에서 질병의 분자 쪽으로 옮겨가자, 동료들은 이를 반기지 않았다. 몇몇 사람은 반전주의와 방사능 위험에 대한 경고 등이 폴링이 갖고 있던 화학 연구에 대한 관심을 빼앗아갔다고 걱정했다.

오해받고 환영받지 못했던 폴링은 1967년, 캘리포니아 공대를 떠나 샌타바버라에 있는 자유당의 사무실로 자리를 옮겼다.

그해부터 캘리포니아 주립 대학의 화학 교수로 있다가 2년 후, 스탠퍼드 대학으로 자리를 옮긴 후, 1974년 그곳에서 은퇴했다. 이런 잦은 이동은 연구에 많은 지장을 주었다.

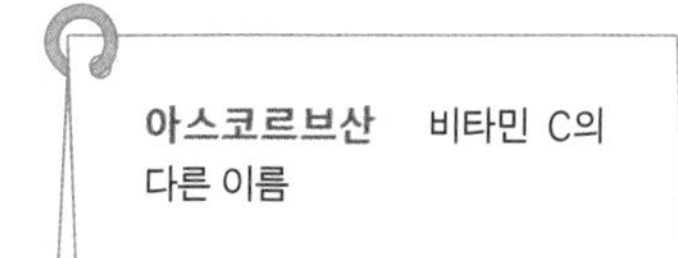

항상 감기에 시달리던 폴링은 1966년 3그램의 비타민 C, 즉 **아스코르브산**을 먹기 시작했다. 비타민 C는 하루 60밀리그램 정도가 적당한데, 폴링은 무려 3,000밀리그램이 넘게 먹었다. 폴링은 비타민 C를 과량 섭취한 이후부터 감기에 대한 면역력이 훨씬 강해졌다며 과량의 비타민 C를 먹는 것이 좋다고 강력히 주장했다.

1970년, 《비타민 C와 일반 감기》라는 책을 써서 비타민 C 과량 복용을 반대하는 사람들의 주장에 반대하고, 비타민 C를 섭취하면 좋은 점을 주장했다.

이 책은 베스트셀러가 되었고, 사람들은 비타민 C를 감기 예방

및 치료법으로 쓰기 시작했다.

1976년, 폴링은 비타민 C가 암 치료에 효과가 있다고 믿었던 스코틀랜드 물리학자 이완 카메룬과 미국 과학 학회지에 〈암 치료에서 비타민 C의 생명 연장 효과〉라는 논문을 발표하고, 1979년에는 〈암과 비타민 C〉라는 글을 썼다. 하지만 의학계는 폴링의 주장을 반기지 않았고 미국 건강 연구소는 비타민 C가 감기 치료에 다소 도움이 될 수도 있으나 대부분의 연구 결과에서는 거의 효과가 없었다고 발표했다. 그리고 현재까지 과학적으로는 비타민 C가 암 치료에 효과가 있다고 밝혀진 사실이 없다.

1973년 아더 로빈슨의 도움으로 폴링이 캘리포니아에 세운 '폴링 과학-의학 연구소'는 1996년에 오리건 주립 대학으로 옮겨져 현재는 심장병, 암, 노인 질병 등을 집중 연구하고 있다.

1981년, 폴링은 60년을 함께 산 부인이 장암으로 세상을 떠나자 슬픔에 잠겼다.

1986년에는 《오래 건강하게 사는 방법》이라는 책을 출판했고 1991년 전립선암에 걸렸다. 이후 비타민을 섭취하며 3년을 더 살다가 1994년에 세상을 떠났다.

폴링은 헌신적이고 영리했으며, 많은 분야에 관심을 가진 과학자였다. 그에게는 분자 모형을 자신이 직접 보고 있는 것같이 머릿속으로 생각해낼 수 있는 특별한 재능이 있었다. 그는 자신이 터득한 지식을 사회가 이해하기 쉽게 간단한 공식과 이론으로 화학 결합과 분자 구조를 설명했다.

폴링은 화학 결합, 단백질 구조 제도, 분자구성, 분자적 질병에 대한 설명 등 셀 수 없이 많은 공헌을 했다. 화학 분야뿐 아니라 생체 분자의 발견, 분자의학, 분자진화론까지 연구했던 폴링이 가장 기뻐했던 순간은 노벨 평화상을 탔을 때라고 한다. 그는 노벨 화학상보다 노벨 평화상에서 더 많은 기쁨을 느꼈던 것이다.

과학 분야의 전문가나 학생들은 1954년, 그가 노벨상 수상식에서 한 연설에서 많은 교훈을 얻을 수 있다. 폴링은 이렇게 말했다.

"

하찮은 늙은이가 당신에게 이야기할 때 존경심과 집중력을 가지고 들어라.
하지만 믿지는 말라.
절대 자신의 지식이 아닌 이상 어떤 말도 믿지 마라. 그 사람이 노벨상 수상자이든, 조상이든, 백발노인이든 그들의 말이 틀릴 수 있다.
시간이 지나면 지날수록 젊은 세대는 그 전세대가 틀렸던 것을 발견하게 된다.
그러므로 항상 의심해라.
항상 자기 자신을 위해 생각해라.

"

노벨상 수상
라이너스 폴링

특별한 경우의 탄소 원자에서 혼성궤도함수

원자번호 원자핵 속에 있는 양성자의 수

혼성궤도를 더 잘 이해하려면 원자번호 6번인 탄소 원자를 생각해 보자. 두 개의 전자는 에너지가 가장 낮은 1s 오비탈에 들어 있고, 4개의 원자가 전자는 그 다음 에너지 값을 갖는 2s 오비탈과 2p 오비탈에 들어 있다. 만약 4개의 원자가 전자 각각 에너지 값이 다른 오비탈에 들어 있다면 탄소 원자를 중심으로 하는 4개 결합의 에너지와 길이는 모두 다를 것이다. 하지만 2s 오비탈에 들어 있는 2개의 전자 중 1개가 2p 오비탈의 빈자리에 들어가 있는 전자 배치를 가정하면 sp3라는 혼성궤도를 만들 수 있다. 이 혼성궤도는 4개 결합의 에너지와 길이가 서로 같은 것을 잘 설명할 수 있는 이론이다.

1개의 탄소 원자가 4개의 수소 원자와 결합하여 만들어진 메탄 분자의 구조는 정사면체이다. 이것은 탄소 원자를 중심으로 하는 4개 결합의 에너지와 길이가 모두 같아야만 가능한 구조인데, 바로 혼성궤도 개념을 사용해야 설명이 가능한 것이다.

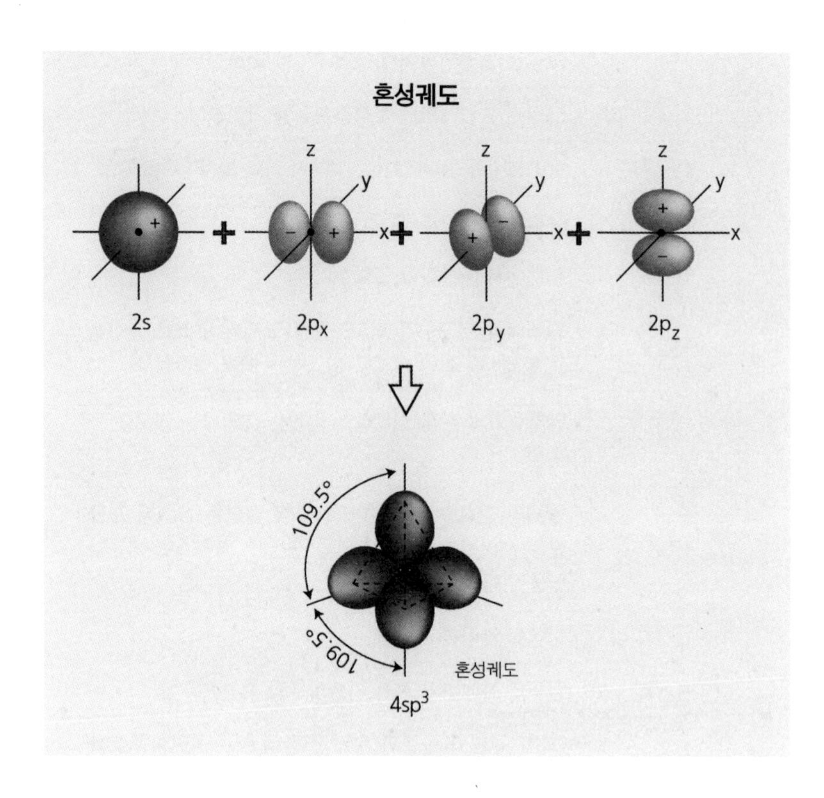
혼성궤도
z
y
x
2s
$2p_x$
$2p_y$
$2p_z$
109.5°
109.5°
혼성궤도
$4sp^3$

연 대 기

1901	2월 28일, 오리건의 포틀랜드에서 태어남
1917	오리건 농업대학에서 화학 기술 과정에 입학
1919~20	오리건 농업대학에서 정량분석을 가르침
1922	캘리포니아 공과대학(칼텍)에서 화학 학사학위를 받음
1926~27	유럽에서 양자물리학을 공부함
1927	칼텍에서 이론화학 조교수가 됨
1929	칼텍에서 부교수가 되고, 결정 고체의 구조를 결정하는 방법, 즉 폴링 법칙을 설명하는 책을 출간함
1930~35	양자역학의 관점에서 화학 결합을 설명하는 연구를 계속함
1931	칼텍의 정교수로 승진하고, 화학 결합의 성질에 관한 논문 시리즈의 첫 번째 권을 출간함. 최연소로 랭뮤어상을 받음
1934	단백질 연구를 시작함
1937	칼텍의 화학부와 화학 기술학부의 학과장이 됨
1939	《화학 결합의 성질과 분자 결정의 구조: 현대 구조화학의 도입》을 출간함
1940	항체의 구조와 생성 이론을 발표함
1941~45	무기, 전쟁 관련 연구를 수행함
1946	핵무기와 핵전쟁 반대운동을 시작함
1947	대단히 유명한 대학 화학 교재 《일반화학》을 출간하고, 영국으로 가서 옥스퍼드 대학교의 방문 교수로 6개월 동안 머무름

1949	분자적 질병으로 빈혈증을 설명함
1950~52	단백질 구조에 관한 몇 편의 논문을 발표함
1953	잘못된 DNA 구조를 제안함
1954	화학 결합의 성질과 그것을 이용하여 복합 물질의 구조를 밝힌 공로로 노벨 화학상을 받음
1956~61	뇌의 기능과 마취 작용에 대한 분자적 기초 이론을 연구함
1958	《전쟁은 이제 그만》을 출간하고 핵실험을 끝내야 한다고 주장함. 정치적 사회운동을 한 이유로 칼텍 화학부의 학과장 자리를 사퇴하게 됨
1962	노벨 평화상을 수상함
1963~67	칼텍을 떠나 캘리포니아 산타바브라 민주당의 사무실로 자리를 옮김
1967	샌디에이고 캘리포니아 대학의 화학 연구 교수가 됨
1969	스탠퍼드 대학의 화학 교수로 자리를 옮김
1970	《비타민 C와 감기》라는 베스트셀러를 출간함
1973	아서 로빈슨과 함께 라이너스 폴링 과학 약학 연구소를 설립함
1974	스탠퍼드 대학 교수직을 사퇴함
1979	에완 카메룬과 함께 《비타민 C와 암》을 출간함
1986	《오래 건강하게 사는 방법》을 출간함
1994	8월 19일, 캘리포니아 빅서에서 세상을 떠남

X-선 결정학의 개척자이며
생체학적으로 중요한 분자들의
입체 구조를 결정하는 방법과
기술의 한계를 넘은
과학자로 인정받고 있다.

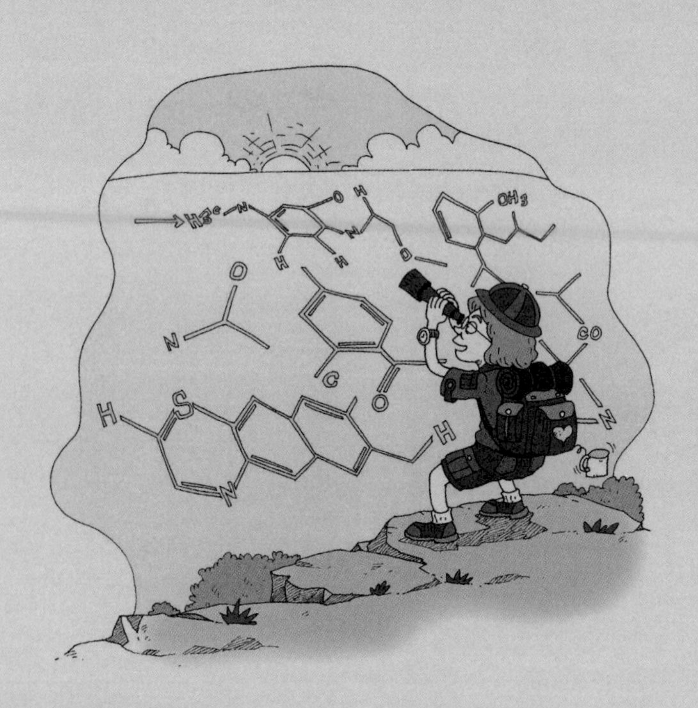

결정학의 어머니,

도로시 호지킨

생체 분자의 X-선 분석

만약 과학자들이 자신의 능력을 계속 향상하려고 노력하지 않았다면 세계의 과학 기술은 발전하지 못했을 것이다. 과학자가 대단한 발견을 하려면 그만큼 많은 모험을 해야 한다. 버려질지도 모르는 많은 시간과 불안, 그리고 주변의 비웃음이 과학자들에게는 큰 부담이 된다. 하지만 전문 지식과 오랜 경력은 이런 압박감을 누르고 앞으로 나아갈 힘과 용기를 준다.

도로시 호지킨은 분석하기 어렵다고 하는 생체 분자(생물체 내에서 작용하는 분자)에 관심이 많았다. 그녀는 콜레스테롤, **페니실린**, 비타민 B_{12}와 같은 생체 분자들의 구조를 발견하고, 그 기능과 역할도 밝혀냈다.

페니실린 강력한 항생물질로 푸른곰팡이에서 화학적으로 얻을 수 있다.

OH3
CO
S
H
N
O
C

생활 속의 교육

도로시 메리 크로우풋은 1910년 5월 12일, 이집트 카이로에서 태어났다. 당시 그녀의 아버지 존 윈터 크로우풋은 이집트 교육청 행정관으로 일했으며, 1916년엔 수단의 교육부 차관으로 발탁되기도 했다. 어머니 그레이스 메리 후드는 학창 시절 이후로 전문 교육을 받지 않은 아마추어 식물학자이자 직조 기술과 고대 옷감에 관한 전문가였다. 도로시 가족은 여행을 자주 다녔는데, 제1차 세계대전이 일어난 후에는 친할머니와 가정부의 보호 아래 여덟 살까지 영국 워팅에서 자랐다.

호지킨은 열 살쯤 되었을 때 학교에서 처음으로 화학을 접했다. 교과서에는 황산구리와 명반 결정체를 만드는 실험이 있었는데, 호지킨은 이 실험을 매우 좋아해 다락방에서 여러 번 반복해 실험했다. 결정체는 원자들이 계속 반복되는 과정을 거쳐 만들어지는 고체였다.

호지킨은 1921년부터 1928년 사이에 다닌 베클의 학교에서 선생님을 끈질기게 설득해 남학생만 들을 수 있는 화학 수업에 들어갔다. 그런데 뜻밖에도 화학 선생님은 여성이었다. 그녀는 대학에서 화학을 전공할 수 있을 정도로 좋은 점수를 받았으며, 학교를 다니는 동안 몇몇 평화운동 단체에서 자원봉사를 했는데, 평생을 같이한 영국 노동당과의 관계도 이때 시작되었다.

1922년과 1923년 사이에는 수단에 있는 부모님을 방문하기 위해 6개월 동안 학교를 휴학했다. 그곳에서 그녀는 카툼에 있는 웰컴 연구소의 소장인 지질화학자 조셉으로부터 금 채취 법을 배웠다. 그녀는 부모님 집 뒷마당에서 배운 기술을 연습하다가 빛나는 검은 광석을 발견해 분석했는데 티탄화철 광물이었다. 그녀의 재능에 감탄한 조셉은 호지킨에게 전문적으로 광물을 조사하고 알아내는 장비를 주었다.

졸업 후, 호지킨은 결정화학을 더 공부하기 위해서는 수학과 라틴어 등이 필요하다는 것을 깨닫고 열심히 공부해 옥스퍼드 대학에 입학할 수 있었다.

그 후, 아버지가 고고학부 부장으로 있는 예루살렘으로 가서 그리스 정교회의 바닥에 있는 문양을 조사하면서 발굴을 도우며 흥미를 느껴 잠시 화학 대신 고고학 전공을 고민하기도 했다.

결정의 신기함

호지킨은 옥스퍼드 대학의 소모빌 여대에서 총장 말지 프라이와 친해지면서 새로운 분야였던 X-선 결정학에 흥미를 가지게 된다. 화학자들이 분자의 원자 배열을 알아내기 위해 썼던 방법으로, 원자의 크기는 빛의 파장보다 작아서 현미경이나 빛으로는 볼 수 없다. 하지만 X-선의 파장은 빛보다 훨씬 작아서 원자나 분자를 볼 수 있었다. X-선으로 보려면 분자들 간의 배열이 규칙적이어야 하므로 좋은 결정을 얻어야만 했다. 불순물이 없는 좋은 결정에 X-선을 쏘면 간격이 잘 맞추어진 결정 사이로 X-선이 반사되어 회절하면서 필름 위에 희미한 원 모양의 패턴을 이루었다. 이 패턴을 조사하고 의문을 풀어나가려면 수학과 화학, 그리고 물리학 지식이 필요했다.

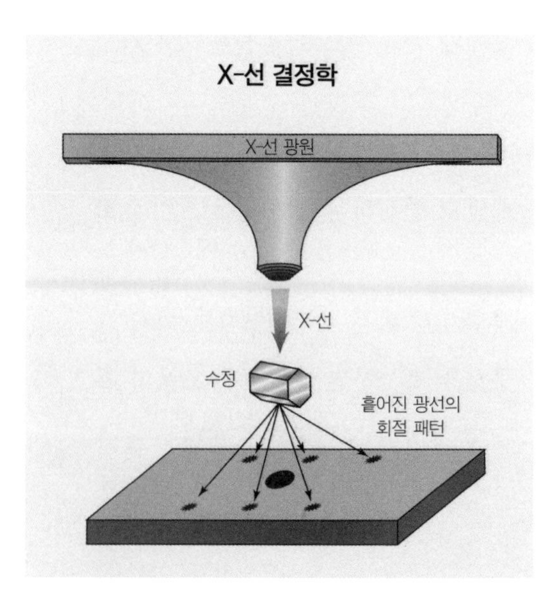

X-선을 결정에 통과시키면 몇 개의 파장이 여러 방향으로 분산되면서 결정 내 원자 배열에 대한 정보를 알 수 있는 독특한 패턴이 만들어진다.

호지킨은 소녀 시절, 노벨상 수상자인 윌리엄 브래그의 《물체의 성질에 관해서》(1925)라는 화학책과 《낡은 타협과 새로운 지식》(1926)이라는 책을 통해 처음으로 결정학을 배웠다. 당시 브래그는 1915년에 X-선을 이용해 결정 구조를 연구한 공로로 받은 노벨 물리상의 영광을 자신의 아들에게 돌리기도 했다.

호지킨은 대학교 4학년 때 탈륨 할로겐화물의 결정 구조를 알아내기 위해 X-선 회절법을 사용했다.

1932년에 소모빌 대학을 졸업한 후, 친구 조셉은 그녀가 케임브리지의 존 데몬 버날 연구소에서 결정학 석사 과정을 밟도록 도와주었다. 버날은 생체 분자를 연구할 때 X-선을 사용한 선구자로서 금속 광물을 연구하고 있었지만, 호지킨이 연구실에 들어갈 무렵에는 스테롤에 대한 연구를 시작했다.

전 세계 과학자들은 버날 연구소에 각종 결정을 조사해 달라고 의뢰해 왔고, 호지킨은 이를 연구하기 시작했다.

비록 그녀의 박사학위 논문이 〈스테로이드 분자에 대한 결정학적 연구〉였지만, 그녀는 광물과 금속 외에도 유기물과 무기물, 단백질, 바이러스 등을 연구하기도 했다. 버날 연구소는 1933년에서 1936년까지 12개의 논문에 그녀의 이름을 올렸다.

1934년, 호지킨은 전문의에게 손의 통증에 대해 문의했다. 의사는 몸이 스스로 근육을 공격하는 류머티즘에 걸렸다고 진단했다. 바로 그날 오후, 그녀는 버날이 단백질 결정인 펩신 분자를 X-선으로 촬영하는 데 성공했다는 소식을 들었다. 사진을 잘 찍기 위해 결정을 적시는 법을 사용했는데, 이것이 최초로 단백질의 X-선 촬영을 가능하게 한 것이다. 호지킨은 곧 바로 위에서 단백질을 가수 분

펩신 척추동물의 위액 속에 존재하는 단백질 분해 효소. 위 점막에서 위액 속으로 분비되며 산성에서 활성화된다.

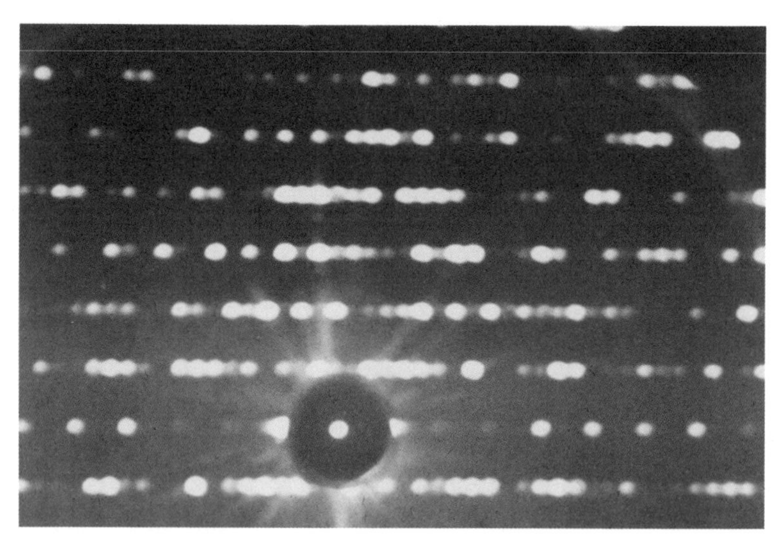

그림의 흰 점은 단백질 결정에 X-선을 통과시킬 때 X-선이 분산되어 나타난 것으로 단백질 결정에서만 볼 수 있는 독특한 패턴을 이룬다.

해하는 데 쓰이는 소화 효소, 즉 펩신의 결정 사진을 해독하는 데 몰입했다. 류머티즘이란 슬픈 소식도 그녀의 지적 욕구를 꺼버리지 못한 것이다. 하지만 그녀는 평생 류머티즘으로 고생하다가 결국 쓰러지고 만다. 가이 도슨은《런던 왕립학회 추모기》에서 이때의 감격을 전하며 '이것은 단백질 결정학의 시작이었고, 호지킨의 일생에서 가장 중요한 부분 중 하나'라고 말했다.

케임브리지와 이모로부터 받는 장학금이 있었지만, 경제적으로 많은 곤란을 겪던 호지킨은 케임브리지와 옥스퍼드의 연구 프로젝트를 맡아 모자란 수입을 충당했다. 그 뒤 그녀는 케임브리지의 연구소를 떠나기 싫었지만, 1934년 소모빌 대학으로 자리를 옮겨 정규직이 되었다. 스테롤 연구를 계속해 오던 1934년, 그녀는 박사학위를 받고 계속 옥스퍼드 대학에서 일했다.

1937년 12월, 그녀는 프라이의 사촌이며 아프리카 정치 역사가인 토머스 호지킨과 결혼했다. 버날처럼 토머스도 공산주의자였다. 신혼 때부터 일반인들을 상대로 수업을 해오던 그는 나중에 가나 대학에서 아프리카 연구의 책임자가 되었다.

1938년과 1946년 사이, 그들 부부 사이에서는 세 명의 자녀가 태어났는데, 모두 성장해 각 분야에서 유명한 전문가가 되었다. 셋째를 임신한 상태였을 때, 호지킨은 여성 최초로 유급 휴직을 했다. 헌신적이면서 사랑스러웠던 그녀는 일이 바쁨에도 불구하고 언제나 저녁시간 전에 집으로 돌아와 아이들에게 최선을 다했으며, 직장 동료와 후배들에게도 한결 같았다.

낙후된 실험실에서 얻은 놀라운 연구 결과

그녀는 버날에서 시작한 스테롤 연구를 옥스퍼드에서도 계속했다. 연구 시설은 케임브리지에 비해 몹시 빈약해 특수 현미경으로 결정을 보기 위해서는 오직 하나뿐인 사다리를 타고 창문으로 올라가야 할 정도였다. 당시 록펠러와 너필드 재단에서 기부금과 지원금을 받고 있음에도 미흡하고 부족한 실험실의 시설이 실험에 영향을 주지 않도록 그녀는 최선을 다했다.

호지킨은 100개가 넘는 스테로이드 분자들을 연구했지만, 동물의 세포벽을 구성하는 요소인 기름 분자 콜레스테롤에 특별히 집중했다. 그 당시 콜레스테롤의 화학적 성질과 스테롤 표기법 등은 이해할 수 있었지만, 대부분의 사람들은 탄소 원자와 산소 원자, 수소 원자가 어떻게 연결되어 콜레스테롤 분자를 이루는지 몰랐다. 또 X-선으로 촬영하기에는 그 분자가 너무 복잡하다고 생각했다. 하지만 도전을 좋아하던 그녀는 콜레스테롤 분자의 구조를 밝히고, 〈콜레스티릴 아이오다이드의 결정 구조〉라는 논문을 1945년 왕립학회지에 실었다. 콜레스테롤은 당시까지 알려진 것 중 가장 복잡한 유기 물질이었는데, 이 연구는 삼차원으로 결정 구조를 밝힌 최초의 연구였다.

페니실린의 구조

제2차 세계대전 동안 버날은 전쟁에 대한 연구를 시작하면서 결정학에 관련된 모든 장비를 호지킨에게 주었다. 그녀는 연구하는 분자들이 복잡해질수록 연관된 수학 공식들도 복잡해져 초기의 컴퓨터 홀러리스 펀치를 이용해 계산 문제를 풀기도 했다. 그녀의 제자인 석사 과정의 학생 바바라 로저스 로우는 최초로 카드에 삼차원 프로그램을 넣어 컴퓨터에 입력했다.

호지킨은 페니실린의 구조를 밝혀 제약회사를 도와주면 턱없이 부족한 약을 만드는 데 도움이 될 거라고 믿어 새로 발견된 페니실리엄 노테이텀에서 얻어지는 항생제 페니실린을 연구하기 시작

페니실린

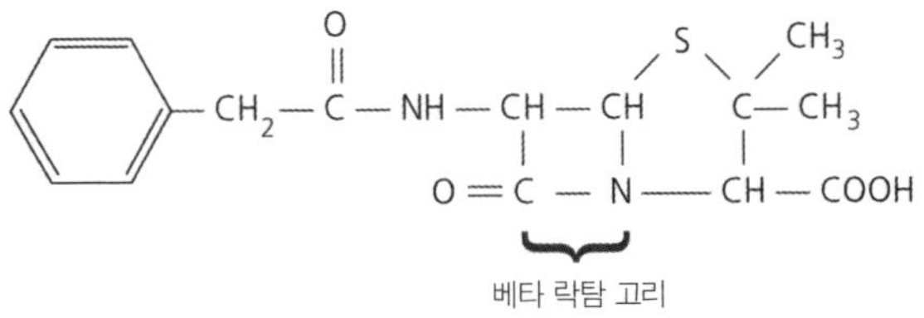

베타 락탐 고리

호지킨은 페니실린 분자에 베타 락탐 고리가 있다는 것을 증명했다.

했다. 그 과정에서 다른 종류의 분자가 결정화되어 연구가 더 복잡해 졌지만, 결국 1945년, X-선 연구 결과 페니실린 분자 구조를 발표했다. 호지킨이 밝힌 페니실린의 구조는 베타 락텀이라 부르는 독특한 구조이다.

1946년, 그녀는 국제 결정학 연합을 설립하는 데 공헌하고, 공산 국가를 포함한 전 세계가 과학 지식을 공유하는 것을 도왔다. 다음해에는 여성으로서는 세 번째로 런던 왕립학회 회원이 되었다. 위상이 높아진 그녀에게 옥스퍼드는 연봉을 올려주고 강사로 초청했으나, 1956년까지는 교수 자리를 주지 않았다. 또 초기 몇 년 동안은 연구실과 실험 장비도 제공해 주지 않았다.

화학 분석을 하기에는 너무 복잡한 분자 구조

명성이 높아질수록 호지킨의 연구 규모는 커져갔지만 그녀는

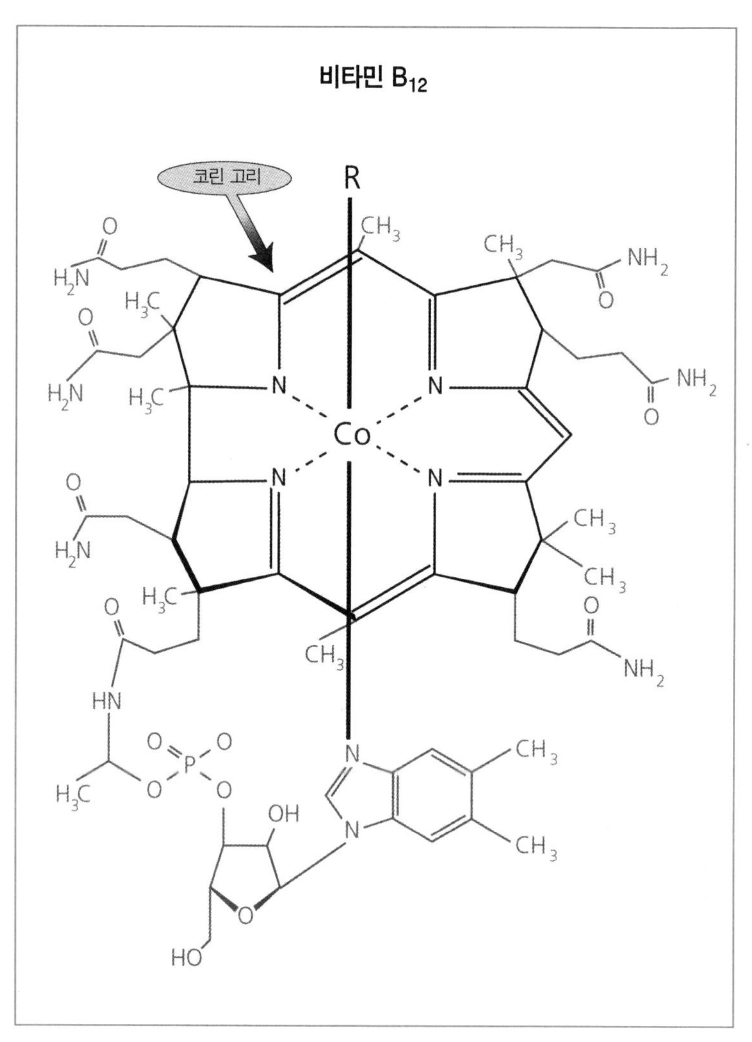

비타민 B_{12} 분자에서 'R'은 조효소에 존재하는 뉴클레오티드를 나타낸다.

10명 미만의 연구원만 데리고 일했다. 호지킨은 페니실린 분자 구조를 발견한 후, 비타민 B_{12}의 분자 구조를 밝히기 위해 제약회사인 글락소에 도움을 요청했다.

비타민 B_{12}는 1926년에 발견되었지만, 1948년이 되어서야 분리되고 정제되었다. 비타민 B_{12}는 체내에서 적혈구 세포를 합성하는 데 필요하며, 만약 비타민 B_{12}가 충분하지 못하면 빈혈에 걸려 죽기도 했다. 때문에 제약회사들은 비타민을 제조하고 싶었지만, 비타민 B_{12}의 구조는 화학 분석이나 기본 분해 방법으로는 너무 힘들었다.

1948년, 글락소가 호지킨에게 비타민 B_{12}을 의뢰해오자 호지

킨은 아무도 비타민 B_{12}를 분석하지 못했다는 점에 자극받아 수락했다. 그녀는 이 연구로 X-선 결정학의 힘을 보여주고 싶었다. 하지만 페니실린 발견에 소요된 4년보다 더 오랜 시간이 걸릴 것으로 예측했다.

그녀는 초창기 실험 결과에서 비타민 B_{12}의 구조가 헤모글로빈에서 볼 수 있는 납작한 반지 모양의 피롤스로 이루어진 포르피린 구조와 비슷하다는 것을 알았다. 창의력과 상상력이 없는 사람들은 그녀의 생각을 인정하지 않았다. 무려 6년 동안 2,500장의 비타민 B_{12} 분자($C_{63}H_{88}N_{14}O_{14}PCo$)의 X-선 사진을 찍고 X-선 사진 분석을 위해 모든 정보를 캘리포니아 대학의 켄니스 트루블러드에게 보냈다. 캘리포니아 대학에 있는 컴퓨터가 다른 컴퓨터보다 100배 이상 빨랐기 때문이다.

컴퓨터 성능을 실험해 보고 싶었던 트루블러드의 도움으로 호지킨은 1955년 〈네이처〉에 〈비타민 B_{12}에서 유도되는 헥사카르복시산의 결정 구조와 비타민 B_{12} 분자 구조〉라는 제목의 논문을 실어 비타민 B_{12}의 구조를 설명했다.

1960년, 호지킨은 런던 왕립학회에서 최초로 올프슨 연구소의 펠로우가 되어 1976년까지 일했다. 또한 X-선을 이용해 중요한 생화학 물질을 발견한 공로를 인정받아 1964년, 영국 여성으로는 최초로 노벨 화학상을 받았다. 1965년에는 엘리자베스 여왕으로부터 영국 시민에게 수여하는 최고의 영광인 메리트 상을 받았다.

가능성의 실현

세계적으로 인정받은 호지킨은 다시 일터로 돌아갔다. 호지킨이 박사학위를 받기 훨씬 전, 노벨상 수상자인 로버트 로빈슨은 그녀에게 인슐린 결정체 샘플을 주었다. 혈액 속 당분의 비율을 균형 잡는 역할을 하는 인슐린은 777개의 원자로 되어 있는데, 이것은 그녀가 연구한 분자 중 가장 복잡한 것이었다. 그녀는 인슐린 결정체를 거르고, 생산하고, 또 생산하면서 젖었을 때와 말랐을 때의 수치를 기록했다. 그리고 1939년 〈네이처〉에 〈젖은 인슐린 결정체의 X-선 분석〉이라는 논문을 쓴 뒤로도 35년 동안 자신만이 아는 실험을 했다.

힘들었지만 호지킨은 원자량이 큰 무거운 원자들의 유도체를 준비했다. 그녀의 실험실에서는 7,000개의 X-선 데이터와 복잡한 공식들을 계산했다. 1969년, 그녀는 박사 과정에 있는 학생 토머스에게 뉴욕 주립 대학에서 인슐린 구조의 연구 결과를 발표하게 허락해 주었다.

2년 후 그 구조를 1.9옹스트롬 해상도로 다시 얻었으나, 이 연구를 계속할 필요가 있다고 생각한 그녀는 1988년 마지막 과학 논문인 〈1.5옹스트롬 해상도에서 인슐린 결정의 구조〉를 런던 왕립학회 학회지에 실었다. 그녀의 실험 결과는 인슐린의 구조와 화학적 성질을 설명한 것이었다.

호지킨은 X-선 같은 기술의 힘이 옛날 방식의 화학 분석보다 훨씬 더 큰 가능성을 가지고 있다는 것을 많은 유기화학자들에게 증명해 보였다.

결정학의 어머니

런던 왕립학회는 호지킨의 비타민 B_{12}에 대한 연구 공로를 높이 인정해 그녀에게 1957년 로열 메달을 수여했으며, 1976년에는 카플리 메달을 수여했다. 1956년, 그녀는 왕립 네덜란드 과학학회의 멤버가 되었고, 1958년에는 미국 예술 과학학회의 멤버가 되었다. 1976년과 1988년 사이에는 세계적인 학자들을 모아 전쟁 방지를 주장하는 퍼그워시 협회의 회장으로 일했다. 1970년부터 브리스틀 대학 교수로 18년 동안 일하기도 했다.

그녀는 정치에는 별로 관심이 없었으나 냉전 시대의 공산당과의 관계 때문에 정치권에서 물러나지 않았다. 1980년에는 제자이자 미래의 영국 총리인 마가렛 대처에게 소련과의 관계를 원만하게 할 수 있는 방법을 조언하기도 했다. 1953년에는 미국 비자를 거절당하자 당당히 따져 단백질 구조와 관련된 회의에 다녀왔다.

그녀는 일생 동안 많은 나라를 돌아다니면서 과학 지식을 나누고 원만한 관계를 가져야 한다고 주장하는 정치 운동을 하기도 했다. 1982년에는 남편이 폐기종으로 세상을 떠났다. 그녀는 평생 앓아오던 류머티즘성 관절염 때문에 1977년에 은퇴했다. 그때까지도 그녀가 오랜 세월 병을 앓고 있었다는 사실을 아무도 몰랐을 정도로 호지킨은 열심히 일했다.

몇 년 후, 병세가 악화되어 골반이 부러지고, 결국 휠체어에 앉게 되었지만, 세계 과학자 모임과 평화운동 모임에 가는 그녀를 아무도 막지 못했다. 평생 열심히 일하던 그녀는 1994년 7월 29일, 84세의 나이로 일밍턴 자택에서 숨을 거두었다.

호지킨의 동료와 제자들은 그녀의 친절함과 자연스러운 리더십을 기억한다. 그녀는 X-선을 이용하여 분자의 모양을 볼 줄 알았고, 불가능에 도전했다. 그리고 비타민, 인슐린, 페니실린, 콜레스테롤을 X-선으로 밝혀냈다. 오늘날 발달된 컴퓨터를 써서 결정학을 배우는 학생들에게는 그녀의 옛 방법이 우습게 보일 수도 있지만, 당시 그녀는 당당히 새로운 기술을 써가면서 실패할지도 모르는 불안감과 맞서 싸웠다.

의학적으로 중요한 선택

수많은 물리화학자들과 달리 호지킨은 사진판 위의 패턴과 점들의 회절 형태만 보고도 분자의 구조를 알아낼 수 정도로 뛰어난 능력을 가진 것으로 유명했다. 그러나 그녀의 대중적 인지도는 화학 분야에서 영향력이 클 뿐 아니라 의학적으로도 매우 중요한 분야였던 생체 분자가 연구 분야였기 때문에 생겼다.

콜레스테롤은 말랑말랑한 성분으로서, 동물의 폐에서 생산되어 세포벽을 튼튼하게 하고, 생화학 선구자 역할을 하면서 비타민 D를 생산한다. 또한 스테로이드 호르몬의 생산을 위한 재생산 작업과 생리학적 항상성을 유지하는 데도 필요하다. 콜레스테롤이 심장병에 관련된다는 점도 복잡한 생체 분자에 흥미를 더했다.

페니실린은 폐렴, 매독 등을 일으키는 박테리아의 감염을 치료하는 데 효과적이다. 하지만 초기의 페니실린 생산량으로는 필요한 양을 충당하지 못해서 어려움이 많았다.

제약회사들은 곰팡이에서 얻어지는 페니실린 분자의 구조를 알아내어 합성하여 대량 생산하고 싶어했다.

결국 페니실린의 구조를 알아냈지만, 대량 생산에는 도움이 되지는 못했다. 그러나 박테리아가 페니실린에 대한 면역성을 가질 때는 중간 합성 단계의 페니실린을 만들 수 있게 되었다.

비타민 B_{12}는 혈액 순환을 통해 혈액 속에서 산소를 운반하는 적혈구를 생산하는 데 중요한 물질이다. 악성 빈혈은 비타민 B_{12}의 흡수를 돕는 당단백질의 부족으로 일어나는 병이다. 이 질병은 비타민 B_{12}를 투입하면 치료될 수 있다. 1979년에 생화학자들은 비타민 B_{12}를 생산할 수 있는 완벽한 합성법을 찾았다.

인슐린은 췌장에서 만들어지는 단백질 호르몬으로서, 혈액에서 세포 쪽으로 당분을 흡수하는 일을 한다. 그래서 인슐린이 없이는 아무리 많은 음식을 섭취해도 체내 세포가 굶주리게 된다. 당뇨는 인슐린이 부족한 질병이므로 인슐린 주사를 맞아 보충해 주어야 한다. 근래에는 DNA 복제 기술이 발달해 소나 돼지 등의 가축에서 추출한 물질을 가지고 실험실에서 사람의 인슐린을 생산할 수 있게 되었다.

연 대 기

1910	5월 12일, 이집트 카이로에서 태어나다
1932	옥스퍼드 대학에서 학사학위를 받고, 케임브리지 대학에서 박사 과정을 시작하다
1937	케임브리지 대학에서 박사학위를 받다
1942	페니실린 연구를 시작하다
1945	페니실린 분자의 구조를 밝히다
1946	옥스퍼드 대학의 강사로 일하며, 결정학 연합회 설립을 돕다
1948	비타민 B_{12} 연구를 시작하다
1956	B_{12} 구조를 밝히고, X-선 결정학의 세계적인 권위자가 되다
1964	X-선 결정법으로 생체 내 중요한 물질들의 구조를 밝힌 공로로 노벨 화학상을 받다

1965	메리트 상 수여자에 이름을 올리다
1969	인슐린의 구조를 밝히다
1971~88	브리스틀 대학 명예총장을 지내다
1977	공식적으로 은퇴하다
1994	7월 29일, 그녀의 고향인 영국 일밍턴에서 세상을 떠나다

세상은 수없이 다양한 화학 물질로 구성되어 있습니다. 우리 몸도 그렇고, 아름다운 색으로 빛나는 낙엽도 그렇고, 비바람을 몰고 오는 공기도 그렇습니다. 화학 물질이 없으면 이 세상에는 아무것도 있을 수 없습니다. 우리 자신도 존재할 수 없습니다. 화학 물질로 이루어진 우리는 화학 물질로 구성된 자연 환경에서, 화학 물질을 이용해 생명을 이어가고 있습니다. 세상을 밝게 비춰 주는 태양과 밤하늘에 오묘하게 반짝이는 별들 역시 화학 물질로 이루어져 있습니다. 이 세상의 모든 신비가 화학 물질에서 비롯된다는 뜻입니다.

인류가 그런 화학의 세계를 이해하고 싶어 하는 것은 너무나도 당연한 일이었습니다. 실제로 오래전부터 동서양의 수많은 철학자들과 과학자들이 화학의 세계를 분명하게 밝혀내기 위해 애써 왔습니다. 동양의 음양오행설과 서양의 4원소설이 그런 노력의 결과였습니다. 그런데 철학적으로는 훌륭했던 그런 이론들도 우리가 정말 알고 싶어 했던 화학의 세계를 정확하게 설명해 주지는 못했습니다. 화학의 세계가 우리의 상상만으로 밝혀지는 것은 아니기 때문입니다.

화학 물질의 정체를 정확하게 알아내게 된 것은 근대 이후의 수많은 화학자들의 피땀 어린 노력 덕분이었습니다. 그들은 이 세상을 구성하는 '원소'는 물론, 원자들의 화학 결합으로 만들어지는 '분자'의 존재를 밝혀냈습니다. 이 세상의 아름답고 신비스러운 모든 것들이 자연에 존재하는 90여 종의 원소들로 만들어진다는 사실을 알아낸 것입니다.

원자와 분자는 우리의 손으로 만질 수도 없고, 눈으로 볼 수도 없는 '나노미터'의 세계입니다. 1미터의 10억 분의 1에도 미치지 못하는 작은 알갱이들이 모여서 만들어지는 세상이라는 뜻입니다. 천재적인 재능을 가진 전 세계의 수많은 화학자들이 그런 세계의 정체를 밝혀내는 데 일생을 바쳤습니다.

단순히 원자와 분자의 존재만 알아낸 것도 아닙니다. 원자와 분자들이 단단하게 모여 만들어진 고체의 표면에 대한 지식도 갖추게 되었습니다. 고체의 표면이 우리가 상상하는 것보다 훨씬 더 복잡한 구조를 가지고 있고, 화학적인 특성도 특별하고 다양하다는 사실도 알게 되었습니다. 오늘날 우리는 기체, 액체, 고체로 존재하는 화학 물질에 대해 어느 때보다 많은 것을 알게 되었다는 뜻입니다.

우리는 화학을 통해서 생명 현상도 이해할 수 있게 되었습니다. 우리 몸의 생리작용에 필요한 에너지를 공급해 주는 당과 생리 작용을 정교하게 조절해 주는 단백질의 정체와 기능도 자세히 알아냈습니다. 최근에는 생명에 필요한 정보를 담고 있는 DNA의 구조와 기능에 대해서도 자세한 정보를 알아내고 있습니다. 우리가 정말 알고 싶어 하던 생명의 신비가 마침내 모습을 드러내고 있습니다.

화학 지식은 우리의 생활을 더욱 건강하고, 안전하고, 편리하고, 풍요롭게 만들어주기도 했습니다. 자연에서는 찾아보기 어려운 새로운 물질은 물론이고 생명체만이 만들 수 있다고 믿었던 수많은 물질들도 인공적으로 값싸게 대량으로 합성할 수 있게 되었습니다. 그 덕분에 과거에는 상상도 할 수 없었던 새로운 기능을 가진 의약품도 만들 수 있게 되었고, 누구나 그런 의약품을 사용할 수 있게 되었습니다. 옛날부터 우리를 괴롭혀왔고, 생명을 빼앗아가기도 하는 질병의 고통에서 벗어날 수 있게 된 것입니다.

그런 화학의 세계에 대해 자세하게 배우는 일은 매우 가치 있는 일입니다. 화학 지식을 통해 우리 스스로와 자연에 대해 더 많은 것을 이해할 수 있게 됩니다. 화학은 우리의 건강과 환경을 지키기 위해서도 꼭 필요한 것입니다. 우리의 건강과 환경은 무작정 목소리만 높인다고 지켜지는 것이 아닙니다. 정확한 과학 지식을 근거로 하는 합리적인 노력이 필요합니다. 화학은 현대를 살아가는 모두가 반드시 알아야만 하는 지식이라는 뜻입니다.

놀라운 화학의 세계를 밝혀낸 화학자의 일생을 되돌아보는 것도 화학을 배우는 좋은 방법입니다. 더욱이 화학의 발전은 끝난 것이 아니라 영원히 계속되어야만 합니다. 이제 여러분이 화학의 세계를 더욱 넓고, 깊게 발전시키고, 유용하게 활용해야 할 주역입니다.

물론 모든 독자가 화학의 역사에 중요한 업적을 남긴 뛰어난 화학자의 뒤를 따를 수는 없습니다. 그러나 훌륭한 과학자들의 삶을 통해서 우리가 오늘날 우리가 당연한 것으로 여기고 있는 화학 지식이 사실은 얼마나 힘들게 밝혀진 것인지를 이해할 수 있게 될 것입니다. 화학자들의 끈질긴 노력과 창의적인 사고방식의 가치도 이해하게 될 것입니다.

표준주기율표 Periodic Table of the Elements

- 상온에서 액체인 원소의 이름은 회색으로 표시되어 있다.
- 상온에서 기체인 원소의 이름은 굵은 글씨로 표시되었다.
- 상온에서 고체인 원소의 이름은 검은 글씨로 표시되었다.
- 사각형의 색깔은 원소들이 속한 그룹을 나타낸다.

알칼리금속(□), 전이금속(■), 비금속(□),
불활성 기체(■), 란탄족(□), 악티늄족(■),
최근 이름이 명명된 원소들(□)

1	2	3	4	5	6	7	8	9
1 **H** 수소 **hydrogen** [1.007; 1.009] 1s^1								
3 Li 리튬 lithium [6.938; 6.997] [He]2s^1	4 Be 베릴륨 beryllium 9.012 [He]2s^2							
11 Na 소듐(나트륨) sodium 22.99 [Ne]3s^1	12 Mg 마그네슘 magnesium 24.31 [Ne]3s^2							
19 K 포타슘(칼륨) potassium 39.10 [Ar]4s^1	20 Ca 칼슘 calcium 40.08 [Ar]4s^2	21 Sc 스칸듐 scandium 44.96 [Ar]3d^{1}4s^2	22 Ti 티타늄(타이타늄) titanium 47.87 [Ar]3d^{2}4s^2	23 V 바나듐 vanadium 50.94 [Ar]3d^{3}4s^2	24 Cr 크롬 chromium 52.00 [Ar]3d^{5}4s^1	25 Mn 망간 manganese 54.94 [Ar]3d^{5}4s^2	26 Fe 철 iron 55.85 [Ar]3d^{6}4s^2	27 Co 코발트 cobalt 58.93 [Ar]3d^{7}4s^2
37 Rb 루비듐 rubidium 85.47 [Kr]5s^1	38 SR 스트론튬 strontium 87.62 [Kr]5s^2	39 Y 이트륨 yttrium 88.91 [Kr]4d^{1}5s^2	40 Zr 지르코늄 zirconium 91.22 [Kr]4d^{2}5s^2	41 Nb 나이오븀 niobium 92.91 [Kr]4d^{4}5s^1	42 Mo 몰리브덴 molybdenum 95.96(2) [Kr]4d^{5}5s^1	43 Tc 테크네튬 technetium [Kr]4d^{6}5s^1	44 Ru 루테늄 ruthenium 101.1 [Kr]4d^{7}5s^1	45 Rh 로듐 rhodium 102.9 [Kr]4d^{8}5s^1
55 Cs 세슘 caesium 132.9 [Xe]6s^1	56 Ba 바륨 barium 137.3 [Xe]6s^2	57~71 La 란타넘족 lanthanoids ★	72 Hf 하프늄 hafnium 178.5 [Xe]4f^{14}5d^{2}6s^2	73 Ta 탄탈럼 tantalum 180.9 [Xe]4f^{14}5d^{3}6s^2	74 W 텅스텐 tungsten 183.8 [Xe]4f^{14}5d^{1}6s^2	75 Re 레늄 rhenium 186.2 [Xe]4f^{14}5d^{5}6s^2	76 Os 오스뮴 osmium 190.2 [Xe]4f^{14}5d^{6}6s^2	77 Ir 이리듐 iridium 192.2 [Xe]4f^{14}5d^{7}6s^2
87 Fr 프랑슘 francium 223 [Rn]7s^1	88 Ra 라듐 radium 226 [Rn]7s^2	89~103 Ac 악티늄족 actinoids ♣	104 Rf 러더포듐 rutherfordium 257 [Rn]5f^{14}6d^{2}7s^2	105 Db 더브늄 dubnium 260 [Rn]5f^{14}6d^{3}7s^2	106 Sg 시보귬 seaborgium 263 [Rn]5f^{14}6d^{4}7s^2	107 Bh 보륨 bohrium 262 [Rn]5f^{14}6d^{5}7s^2	108 Hs 하슘 hassium 265 [Rn]5f^{14}6d^{6}7s^2	109 Mt 마이트너륨 meitnerium 266 [Rn]5f^{14}6d^{7}7s^2

★	57 La 란타넘 lanthanum 138.9 [Xe]5d^{1}6s^2	58 Ce 세륨 cerium 140.1 [Xe]4f^{1}5d^{1}6s^2	59 Pr 프라세오디뮴 praseodymium 140.9 [Xe]4f^{3}6s^2	60 Nd 네오디뮴 neodymium 144.2 [Xe]4f^{4}6s^2	61 Pm 프로메튬 promethium [Xe]4f^{5}6s^2	62 Sm 사마륨 samarium 150.4 [Xe]4f^{6}6s^2	63 Eu 유로퓸 europium 152.0 [Xe]4f^{7}6s^2
♣	89 Ac 악티늄 actinium 227 [Rn]6d^{1}7s^2	90 Th 토륨 thorium 232.0 [Rn]6d^{2}7s^2	91 Pa 프로탁티늄 protactinium 231.0 [Rn]5f^{2}6d^{1}7s^2	92 U 우라늄 uranium 238.0 [Rn]5f^{3}6d^{1}7s^2	93 Np 넵투늄 neptunium 237 [Rn]5f^{4}6d^{1}7s^2	94 Pu 플루토늄 plutonium 242 [Rn]5f^{6}7s^2	95 Am 아메리슘 americium 243 [Rn]5f^{7}7s^2

참조) 표준 원자량은 2011년 IUPAC에서 결정한 새로운 형식을 따른 것으로 [ ] 안에 표시된 숫자는 2 종류 이상의 안정한 동위원소가 존재하는 경우에 지각 시료에서 발견되는 자연 존재비의 분포를 고려한 표준 원자량의 범위를 나타낸 것임. 자세한 내용은 Pure Appl. Chem. 83, 359-396(2011); doi:10.1351/PAC-REP-10-09-14을 참조하기 바람.

표기법:

원자 번호 X (→ 기호)
원소명(국문)
원소명(영문)
표준원자량
전자궤도

10	11	12	13	14	15	16	17	18
								2 **He** 헬륨 helium 4.003 $1s^2$
			5 **B** 붕소 boron [10.80; 10.83] $[He]2s^22p^1$	6 **C** 탄소 carbon [12.00; 12.02] $[He]2s^22p^2$	7 **N** 질소 nitrogen [14.00; 14.01] $[He]2s^22p^3$	8 **O** 산소 oxygen [15.99; 16.00] $[He]2s^22p^4$	9 **F** 플루오린 fluorine 19.00 $[He]2s^22p^5$	10 **Ne** 네온 neon 20.18 $[He]2s^22p^6$
			13 **Al** 알루미늄 aluminium 26.98 $[Ne]3s^23p^1$	14 **Si** 규소 silicon [28.08; 28.09] $[Ne]3s^23p^2$	15 **P** 인 phosphorus 30.97 $[Ne]3s^23p^3$	16 **S** 황 sulfur [32.05; 32.08] $[Ne]3s^23p^4$	17 **Cl** 염소 chlorine [35.44; 35.46] $[Ne]3s^23p^5$	18 **Ar** 아르곤 argon 39.95 $[Ne]3s^23p^5$
28 **Ni** 니켈 nickel 58.69 $[Ar]3d^84s^2$	29 **Cu** 구리 copper 63.55 $[Ar]3d^{10}4s^1$	30 **Zn** 아연 zinc 65.38(2) $[Ar]3d^{10}4s^2$	31 **Ga** 갈륨 gallium 69.72 $[Ar]3d^{10}4s^24p^1$	32 **Ge** 저마늄 germanium 72.63 $[Ar]3d^{10}4s24p^2$	33 **As** 비소 arsenic 74.92 $[Ar]3d^{10}4s^24p^3$	34 **Se** 셀레늄 selenium 78.96(3) $[Ar]3d^{10}4s^24p^2$	35 **Br** 브롬 bromine 79.90 $[Ar]3d^{10}4s^24p^5$	36 **Kr** 크립톤 krypton 83.80 $[Ar]3d^{10}4s^24p^6$
46 **Pd** 팔라듐 palladium 106.4 $[Kr]4d^{10}$	47 **Ag** 은 silver 107.9 $[Kr]4d^{10}5s^1$	48 **Cd** 카드뮴 cadmium 112.4 $[Kr]4d^{10}5s^2$	49 **In** 인듐 indium 114.8 $[Kr]4d^{10}5s^25p^1$	50 **Sn** 주석 tin 118.7 $[Kr]4d^{10}5s^25p^2$	51 **Sb** 안티몬 antimony 121.8 $[Kr]4d^{10}5s^25p^3$	52 **Te** 텔루륨 tellurium 127.6 $[Kr]4d^{10}5s^25p^4$	53 **I** 요오드(아이오딘) iodine 126.9 $[Kr]4d^{10}5s^25p^5$	54 **Xe** 제논 xenon 131.3 $[Kr]4d^{10}5s^25p^6$
78 **Pt** 백금 platinum 195.1 $[Xe]4f^{14}5d^96s^1$	79 **Au** 금 gold 197.0 $[Xe]4f^{14}5d^{10}6s^1$	80 **Hg** 수은 mercury 200.6 $[Xe]4f^{14}5d^{10}6s^2$	81 **Tl** 탈륨 thallium [204.3; 204.4] $[Xe]4f^{14}5d^{10}6s^26p^1$	82 **Pb** 납 lead 207.2 $[Xe]4f^{14}5d^{10}6s^26p^2$	83 **Bi** 비스무트 bismuth 209.0 $[Xe]4f^{14}5d^{10}6s^26p^3$	84 **Po** 폴로늄 polonium 209 $[Xe]4f^{14}5d^{10}6s^26p^4$	85 **At** 아스타틴 astatine 210 $[Xe]4f^{14}5d^{10}6s^26p^5$	86 **Rn** 라돈 radon 222 $[Xe]4f^{14}5d^{10}6s^26p^6$
110 **Ds** 다름스타튬 darmstadtium 271 $[Rn]5f^{14}6d^97s^1$	111 **Rg** 렌트게늄 roentgenium 272 $[Rn]5f^{14}6d^{10}7s^1$	112 **Cn** 코페르니슘 copernicium 277	113 **Nh** 니호늄 Nihonium 284	114 **Fl** 플레로븀 flerovium 289	115 **Mc** 모스코븀 Moscovium 288	116 **Lv** 리버모륨 livermorium 293	117 **Ts** 테네신 Tennessine 294	118 **Og** 오가네손 Oganesson 294

64 **Gd** 가돌리늄 gadolinium 157.3 $[Xe]4f^75d^16s^2$	65 **Tb** 터븀 terbium 158.9 $[Xe]4f^96s^2$	66 **Dy** 디스프로슘 dysprosium 162.5 $[Xe]4f^{10}6s^2$	67 **Ho** 홀뮴 holmium 164.9 $[Xe]4f^{11}6s^2$	68 **Er** 어븀 erbium 167.3 $[Xe]4f^{12}6s^2$	69 **Tm** 툴륨 thulium 168.9 $[Xe]4f^{13}6s^2$	70 **Yb** 이터븀 ytterbium 173.1 $[Xe]4f^{14}6s^2$	71 **Lu** 루테튬 lutetium 175.0 $[Xe]4f^{14}5d^16s^2$
96 **Cm** 퀴륨 curium 247 $[Rn]5f^86d^17s^2$	97 **Bk** 버클륨 berkelium 247 $[Rn]5f^97s^2$	98 **Cf** 칼리포늄 californium 249 $[Rn]5f^{10}7s^2$	99 **Es** 아인슈타이늄 einsteinium 254 $[Rn]5f^{11}7s^2$	100 **Fm** 페르뮴 fermium 253 $[Rn]5f^{12}7s^2$	101 **Md** 멘델레븀 mendelevium 256 $[Rn]5f^{13}7s^2$	102 **No** 노벨륨 nobelium 259 $[Rn]5f^{14}7s^2$	103 **Lr** 로렌슘 lawrencium 257 $[Rn]5f^{14}6d^17s^2$